朴怡妮 主编

"说美就美"的
四季美妆术

U0321624

吉林科学技术出版社

图书在版编目（CIP）数据

"说美就美"的四季美妆术 / 朴怡妮主编. -- 长春：吉林
科学技术出版社，2015.1
　ISBN 978-7-5384-8679-7

Ⅰ．①说… Ⅱ．①朴… Ⅲ．①女性－化妆－基本知识
Ⅳ．①TS974.1
中国版本图书馆CIP数据核字(2014)第302070号

"说美就美"的四季美妆术

主　　编　朴怡妮
编　　委　张　旭　杨　柳　何　陆　张子璇　叶灵芳　崔　哲　杨　雨　赵　琳　安孟稼　李雅楠
　　　　　党　燕　张信萍　韩杨子　李春燕　刘　丹　王　斌　王治平　黄铁政　高　甄　刘　波
　　　　　刘辰阳　江理华　陈　晨　赵嘉怡　王超男　李　娟　杨　嘉　赵伟宁　王萃萍　何瑛琳
　　　　　张　颖　刘思琪　汪小梅　吴雅静　许　佳　姜　毅　周　雨　郑伟娟　康占菊　宋　磊
　　　　　程　峥　蔡聪颖　王　清　王　欣　王　杨　肖雅兰　张　健　高　原　尚　飞　宋　丹
　　　　　王　钊　苑思琦　李　娟　李志滨
出 版 人　李　梁
选题策划　美型社·天顶矩图书工作室（Z.STUDIO）张　旭
策划责任编辑　冯　越
执行责任编辑　高千卉
封面设计　美型社·天顶矩图书工作室（Z.STUDIO）
内文设计　美型社·天顶矩图书工作室（Z.STUDIO）
开　　本　780mm×1460mm　1/24
字　　数　280千字
印　　张　7.5
版　　次　2015年4月第1版
印　　次　2015年4月第1次印刷

出　　版　吉林科学技术出版社
发　　行　吉林科学技术出版社
地　　址　长春市人民大街4646号
邮　　编　130021
发行部电话/传真　0431-85600611　85651759　85635177
　　　　　　　　　　85651628　85635181　85635176
储运部电话　0431-86059116
编辑部电话　0431-85659498
网　　址　www.jlstp.net
印　　刷　吉林省创养堂印刷有限公司

书　　号　ISBN 978-7-5384-8679-7
定　　价　35.00元

Preface

Four seasons cy la Makeup

♥ 随着季节的变换，脸部的妆容也要随之变换着不同的感觉。以"春"、"夏"、"秋"、"冬"为主题，根据不同的季节特点与色彩印象打造出带有季节感的美丽彩妆。明媚的春天妆容、清爽的夏季妆容、饱含风韵的秋季妆容、精灵般的冬季妆容，在不同的季节营造出不同的妆容氛围，通过色彩的变换变身百变魅力美女！

Contents

Chapter 1　基础美妆术

Chapter 2　春之美妆术

Chapter 3　夏之美妆术

Chapter 4 秋之美妆术

Chapter 5　冬之美妆术

Chapter 1

基础
美妆术

一套精致妆容少不了基础上的功夫，
从打底到修眉，从产品到手法，
根据实际情况进行灵活地调整，
使妆容更具生命力，提升完美质感。
即使是基础的化妆手法，
若忽略了细节也会产生瑕疵，
用细致打理出进一步的完美度。

妆前底乳的最佳选择

用于基础护肤后的妆前底乳，主要起到防晒、保湿及修饰毛孔的作用，
而具有润色功能的妆前底乳通过色泽矫正肌肤问题，比遮瑕霜效果更自然，
根据肤色特点选择不同颜色的妆前底乳，可以达到事半功倍的效果。

呈现健康光泽的珠光底乳

◎ 饰底乳中的珠光微粒具有折射效果，可以将毛孔与细纹隐藏起来。
◎ 使肌肤显现自然光泽，从底层透出微微光泽，提升五官的立体感。
◎ 可以与粉底液、遮瑕霜等产品调和使用，增强底妆的亮泽度。

增添红润气色的粉色底乳

◎ 可以增添脸部的红润度，适合惨白无气色的肌肤。
◎ 修饰斑点、黑眼圈等问题，打造红润的健康肤色。

Skills ◢

用指腹将粉色饰底乳轻点
在下眼睑需要修饰的部
位，轻轻拍打，并向眼睛
周围涂开。

用海绵块从内向外轻轻拍
按眼睛下方，使饰底乳更
加服帖。

中和不良泛红的绿色底乳

◎ 用于局部修饰敏感的肌肤，中和脸部的泛红区域。
◎ 可以局部修饰泛红的青春痘、微血管扩张造成的皮肤泛红及红血丝。
◎ 使用时要控制用量，避免过量使用，使肤色变得泛白或泛青。

ⓘ 击退黯沉的蓝、紫色底乳

◎适合亚洲人的肤色，涂抹后可以很好地中和肌肤的泛黄，使肌肤变得洁净透明。

◎改善黯沉、泛红的肤色，使肌肤显得白皙、清透。

◎用量不宜过多，可以用于两边鼻翼外侧和唇角局部黯沉部位。

ⓘ 带出自然柔和的肤色底乳

◎作为修容的基础色非常适合东方人使用，带出自然柔和的好气色。

◎修饰黑眼圈、明显的毛孔与不均匀的肤色，可以中和肤色黯沉感，提升肌肤的明亮度。

◎用指腹蘸取肤色饰底乳涂抹在T字区、鼻翼处的凹陷毛孔，从各个角度向毛孔按压贴合，能够更好地抚平毛孔。

> 选择饰底乳颜色的时候，要选择与自身肤色色差较小的产品，才会使妆效更加自然。
>
> KEYS!

ⓘ 使轮廓更立体的白色底乳

◎适合原本就较为白皙的肌肤，可以打造出立体的小脸妆容。

◎用于修饰斑点、黯沉肤色，可以增加肤色的明亮度、白皙度与透明感。

◎肤色不够白皙的情况，可以局部用于T字区、颧骨或下巴部分进行提亮。

Skills ◢

1 用指腹将适量的白色饰底乳点涂在整个脸部，并均匀地涂抹开。

2 用粉扑轻轻按压肌肤，吸除多余的油脂，提升遮盖持久力的同时使饰底乳的色泽与肤色自然地融合。

"美肌"基底——粉底 ▷

想要自然完美的底妆效果，粉底产品上的选择是很重要的一环，
不同的粉底类型具有不同的质地特点与突出功效，
了解各类粉底的特点与涂抹手法，根据肌肤情况选择适宜自己的粉底。

光泽粉底液

◎含水量高、延展性较好的粉底液适用于中性、偏干性肤质的人群，
可以使底妆达到自然薄透效果的同时保留住肌肤的润泽质感。
◎触感接近乳液，效果自然，适合打造日常妆容，化妆初学者使用粉
底液会更加顺手。

Skills ◢

1

用指腹蘸取适量的粉底液，
分别点涂在两颊、额头、鼻
头与下巴。

2

从脸颊中部开始向外呈放射
状均匀涂抹，伴随按压动作
将指腹向下移至整个脸颊。

3

用指腹从鼻侧移至中央，将
粉底覆盖在鼻部。容易出油
的鼻部要反复薄薄地涂抹。

> 要用指腹将发际线
> 部位的粉底晕染均
> 匀，避免产生明显
> 的分界线。
>
> **KEYS!**

4

用中指与无名指将额头上余
下的粉底液涂抹均匀。从眉
间开始呈放射状涂抹。

5

嘴角处是容易卡粉的部位，
用手指将唇周与下巴部位的
粉底仔细地涂抹均匀。

6

用海绵块轻轻拍按全脸，使
粉底轻薄均匀地与肌肤紧密
贴合，提升粉底的持久性。

细腻粉底膏

◎粉底膏的附着性、保水性强，具有较强的持久性与遮盖力，但因为油性成分较高，比较不透气，所以并不适合油性肌肤或是年轻肌肤。

◎质地厚重，延展性较差，不易涂抹，不适合化妆初学者。在粉底膏中混合适量的保湿乳液可以使膏体更容易延展开。

Skills ▲

1 从颧骨部位开始，以推抹并轻按的手法将粉底膏均匀地涂抹，涂抹完一侧之后，补充点粉底后涂抹另一侧。

2 用海绵块从眼角下方开始呈放射状涂抹脸颊，避免从下眼袋部位着手，否则会使眼周肌肤看起来过于干燥。

3 完成底妆后，将保湿化妆水喷雾在距离脸部一定的位置上喷向脸部。将双手掌心相互搓热后，轻轻按压脸部，利用手掌的温度提升粉底膏的服帖度。

> 用海绵块的尖端仔细地调整细节部位的粉底，如鼻翼、眼角等。

KEYS!

轻薄粉饼

◎粉饼便于携带，适合在补妆时使用。单独使用时可以作为粉底调整肤色，与其他粉底产品结合使用时，可以起到定妆的作用。

◎比散粉贴合度好，也有较好的控油效果，但是滋润度与光泽度不理想，当肌肤干燥的时候，容易产生浮粉的现象。

Skills ▲

1 用粉扑蘸取粉底，从脸部中央向外侧推抹按压，保持微笑，顺着脸颊的肌肤纹路滑动，并向下延展开。

2 用粉扑上的余粉轻轻按压眼周、T字区等容易脱妆的部位，毛孔明显的地方用粉扑由上向下涂抹，避免堆粉。

3 下颌与唇周部位的粉底要涂抹得薄一些，用粉扑上的余粉轻按，嘴角处用海绵尖角调整。

从 "遮瑕" 走向无瑕 ▷

遮瑕产品主要用于遮盖面部的黯沉部位或者瑕疵，
能够显著地提亮面部的整体色调，使肌肤看起来更加洁净。
根据肤质的情况来选择不同质地的遮瑕品，可以使遮盖效果增倍。

遮瑕液

◎质感柔和湿润，展开性强，可以轻松遮盖瑕疵，并起到矫正、提亮肤色的作用，敏感肌肤也适用。一般用于遮盖黑眼圈、细纹、唇周瑕疵，但是比起其他类型的遮瑕产品，遮盖力较弱。常见的产品为蘸取型与笔型两种。

◎涂抹后等待1~2分钟，稍待水分吸收后用指腹晕开，防止堆积。

◎遮瑕液具有高光效果，在T字区涂抹可以使五官看起来更加立体。使用时加入少许散粉可以提升遮瑕的持久度。

Skills

1
用富有光泽的遮瑕液，在斑痕区域斜斜地画上几笔进行遮盖。

2
用指腹轻按并仔细推开画出的遮瑕液线条，推抹均匀至薄薄的一层，遮瑕的范围要比斑痕的范围大一些，与周边肌肤融合。

3
用粉扑蘸取适量的蜜粉轻轻涂抹薄薄的一层定妆，使遮瑕效果更加持久。

色斑容易在颧骨附近大范围出现，用质感柔软的遮瑕液与高光粉完美淡化色斑的同时保持肌肤轻薄透亮。

KEYS!

遮瑕棒（遮瑕膏）

◎质地较为浓稠，具有良好的遮盖力，适合用于遮盖较为明显的脸部瑕疵，如痘痘、色斑等，呈棒状的遮瑕膏也适合遮盖较为细小的瑕疵，如斑点，但含水量较低，延展性差，不适合过于干燥的肌肤。

◎用指腹或海绵块以轻拍的方式涂抹，等待1～2分钟涂抹粉底。

Skills ◢

利用体温软化后涂抹，更容易推开膏体，也可以在使用时混合少量的粉底液以提升延展力。

KEYS!

1
用指腹将适量的绿色饰底乳点涂在痘痘周边的泛红肤色后，将黄色遮瑕膏点涂在痘痘的中央部位。

2
用遮瑕刷或棉棒将遮瑕膏向痘痘周围均匀地延展开，使遮盖部位的妆色与肤色自然过渡。

3
用海绵块将蜜粉轻按在遮瑕部位定妆，并提升肌肤质感与底妆服帖度。

遮瑕霜

◎质地的浓稠度与遮盖力都在遮瑕液与遮瑕棒之间，能够快速地矫正黯沉的肤色，既能局部遮瑕，也能用于全脸遮瑕，一般用于遮盖痘痕等较为明显的瑕疵，有单色的产品，也有含多种颜色的遮瑕盘。

◎错误的用法会使妆感看起来过于厚重，用小的遮瑕刷少量蘸取后，一点点地分层覆盖在瑕疵上。

Skills ◢

1
将化妆棉剪成一小块，用具有消炎、净化作用的化妆水充分浸湿后敷在痘痕处。

遮盖前先用化妆水软化肤质，使后续的遮瑕霜更容易延展贴合。

KEYS!

2
用棉棒蘸取少量的遮瑕霜，轻轻地点涂在痘痕处，并将边缘晕染均匀。

3
用遮瑕刷将遮瑕膏薄薄地涂抹在痘痕处，通过重叠涂抹加强遮盖效果。

提升底妆战斗力——定妆 ▶

用粉饼或散粉定妆是完妆之前的最后一个环节，
利用粉扑与粉刷轻按、轻扫，均匀定妆，打造出底妆的通透感。
定妆粉的用量要越少越好，过厚地涂抹会使妆感厚重并出现卡粉现象。

透明散粉

◎可以展现出轻柔的肌肤质感。
◎主要利用粉扑或粉刷进行涂抹。

粉饼

◎可以展现出完美的遮瑕力。
◎主要利用粉扑或粉刷进行涂抹。

珠光蜜粉

◎可以展现出光泽的肌肤质感。
◎主要利用粉刷进行涂抹。

Skills ◢

1 定妆时要先从面积大的脸颊处开始，然后再用于额头、T字区、下巴部位，避免产生卡粉、结块的现象。

2 用散粉刷蘸取少量的蜜粉，从额头部位开始向T字区轻扫，鼻部下方也要用粉刷轻刷均匀。

3 用粉刷上的余粉轻刷脸颊、下巴、轮廓处，使蜜粉轻薄地覆盖全脸。

妆前的基础修眉法 ▷

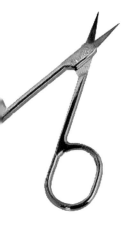

描绘眉妆前先确定关键位置，并进行适当地整理，清除杂毛，
区分"剪"与"剃"的位置，用修眉剪与眉刀清除轮廓外的毛发，
无论采用何种方法，要避免过度修剪，适当保留眉周细小毛发。

与五官相协调

◎适当的眉形可以提升眉妆的整洁度，修饰脸型。不要过度修剪，适
当保留细小毛发，避免眉形过硬。

◎眉头至眉尾的整个眉形要保持平衡感，并逐渐自然收细，眉尾部位
不要过细，要使双眉保持一定的粗度。

Skills ◢

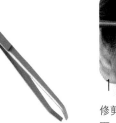

1
修剪前先用螺旋眉刷梳理一
下，眉头处要将眉刷放于水
平位置上向上拉伸梳理，而
眉毛中间到眉尾的眉毛要顺
着眉毛生长的纹理梳理。

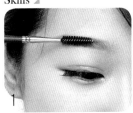

2
用螺旋眉刷对齐眉毛下缘，
用眉剪沿着眉刷上侧仔细修
剪，将过长的眉毛剪掉。

3
将眉毛下方露出轮廓外过长
的眉毛剪掉，眉剪要与眉毛
轮廓线平行。

4
用修眉夹将眉毛下方所残留
的眉毛拔除，夹紧眉毛根部
后，朝眉毛的生长方向拔，
以减轻疼痛感。

5
最后用修眉刀将眉毛上方与
两眉间的杂毛轻轻修除，眉
尾外侧的杂眉要从发际线处
开始向下慢慢刮除。

修眉前可以先用浅色眉笔在确定的眉头、眉峰、
眉尾的关键部位描点标出来，关键部位之间也要
标示，双眉要对称描点，然后顺着标示的记号点
细细地勾勒轮廓，连接每个标记描边。

KEYS !

眉妆的 "三大" 好帮手

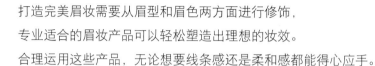

打造完美眉妆需要从眉型和眉色两方面进行修饰，
专业适合的眉妆产品可以轻松塑造出理想的妆效。
合理运用这些产品，无论想要线条感还是柔和感都能得心应手。

眉笔

> 当描画出的线条过于刻板时，可以用棉棒蘸取少许卸妆液擦掉较为夸张的线条。
>
> KEYS!

◎一般分为铅笔式与推管式，方便快捷，产品的另一端一般带有螺旋眉刷，便于涂抹后的修饰。眉笔可以选择笔芯的软硬与粗细，适合勾勒眉形与眉尾，也可以填补眉毛间的空隙，适合眉毛较为稀疏的人。
◎眉笔画出的线条会比较生硬，在温热潮湿的环境下，相对容易脱妆。

眉粉

◎眉粉能够营造自然的眉妆效果，上色持久并且用途多样，既可以填补眉毛间明显的空隙以修饰眉形，又可以用在眉笔之后以固定眉妆。具有多种颜色的眉粉盒可以进行调色，增加整体的自然效果，对于初学者来说容易上手。
◎眉粉使用不得当的时候会使眉色过于浓重并且产生颜色不均匀的现象。

染眉膏

◎染眉膏多用于改变眉色，覆盖范围较大，适合眉毛较少与发色较浅的人，能够很好地遮盖眉毛原本的颜色，显色度极佳，赋予眉毛光泽度的同时进行定型。
◎染眉膏比较不容易控制，使用不当时会使眉妆看起来非常不自然，而且容易花妆。

色彩的演绎——眼影

眼影不仅具有多样色彩，在质地上也有多种，
不同质地的眼影会呈现出不同的妆感效果，赋予眼部立体感，
根据自身肤质与所需的妆效选择合适的眼影，透过色彩使眼部更具张力。

粉状眼影

◎粉末状眼影是最为常见，使用最为广泛的眼影产品，优点在于色彩多样，容易上色，轻松地打造出渐变的感觉，具有良好的持久性。

◎粉状眼影中分为亚光感与珠光感，亚光感眼影不含任何珠光色泽，可以单纯呈现柔和自然的色彩质感，而珠光感眼影添加了亮粉颗粒，增加了明亮度，并使色彩呈现出不同的光泽，如珍珠光泽、金属色泽等。

膏状眼影

◎膏状眼影的质地润泽，滋润度较高，能够呈现出透明油亮的自然妆感，但容易脱妆，适合干性或中性肌肤，比眼影粉有较强的贴合力，直接用手指涂抹就可以。眼影膏还可以用作眼妆的打底，从而提升眼影粉的持久度。

◎在使用膏状眼影时要以少量为主，过量的眼影膏容易堆积在双眼皮褶皱处。

液状眼影

◎液状眼影质地轻盈，滋润度高，能够打造出光泽通透的质感，但容易脱妆，不容易控制，液状眼影在瞬间变干，很难打造出晕染的感觉，不建议初学者使用。购买时要挑选油脂较少、易干、易上色的产品。

◎使用时先取少量液状眼影于手背，再以指腹蘸取使用。单独使用时，显色效果不如眼影粉突出，可以采用重复涂抹的方式以加强效果。

突显眼部精致轮廓——眼线

选择适合自己的眼线产品，才能画出完美的眼线，
不同的眼线产品具有不同的优缺点，要根据理想妆效的特点来选择，
首要原则是使用起来方便顺手，配合描画技巧，打造自然线条。

铅笔式眼线笔

◎外形类似铅笔，可使专用的卷笔刀去除多余的木质部分，也可以调整笔头的粗细。可用于打造晕染的效果，也可用于描画下眼线。一般使用黑色或咖啡色眼线笔，适合日常妆。

◎易控制，易修改，更方便携带。眼线笔笔触轻柔细致，质地细腻，能够打造出自然的眼线效果，适合初学者使用。

眼线膏

◎搭配专业的眼线刷使用，质地适中，既没有铅笔式眼线笔的粗犷，也没有眼线液的难操控性。眼线膏的质感表现力强，能够表现出珠光、亚光、金属光泽等不同的质地效果，描画出的线条滋润细致，密实又流畅。配合眼线刷或棉棒，也可以轻松地做出晕染的效果。

◎不易脱妆，上妆效果服帖自然，使用眼线刷能够轻松地调整眼线的粗细。

眼线液

◎画出的线条浓郁流畅，尖尖的笔头适合勾勒纤细的眼线，利落明显的线条更适合强调眼线、时尚感强的妆容。

◎不易脱妆，持久性强，浓密紧实的线条可以使眼部轮廓更有神。

◎眼线液画上后不易修改，也不容易控制，适合有一定基础的人使用。

巧用睫毛夹 ▶

根据自身的眼部弧度与长度选择适合的睫毛夹，
按照根部→中部→梢部的顺序小幅度移动睫毛夹来夹弯睫毛，
打造卷翘睫毛的关键在于掌握夹卷的部位与使用力度，呈现持久卷翘。

三段式夹法打造翘睫

◎将睫毛分为三段，按照根部→中部→梢部的顺序小幅度夹卷睫毛，
呈现自然的睫毛弧度。
◎睫毛夹不可过于紧贴睫毛根部，力道要控制得当。

Skills ◢

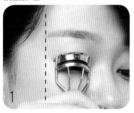

1

将视线放低，把睫毛夹竖直地贴在脸上，紧贴睫毛根部，将所有的上睫毛放入后夹住5～15秒。

2

轻抬手腕，使睫毛夹与脸部呈45度角，并将睫毛夹移至睫毛中央部分夹4次。夹的时间不要过长。

3

使睫毛夹与眼皮垂直，把睫毛梢放入睫毛夹中夹2～3次，力度要小。

4

用手指轻轻上抬睫毛，将睫毛的弧度调整均匀并左右轻揉，使睫毛调成漂亮扇形。

5

用电热睫毛器以向上的弧度刷向睫毛梢部，固定睫毛的形状。

眼角与眼尾的细小睫毛也不能忽视，将睫毛夹分别移到靠近眼角与眼尾的睫毛的位置轻轻夹起，力度要适中，避免两侧的睫毛卷翘度不一致。

KEYS！

刷出浓密扇形美睫 ▶

睫毛不仅仅要上翘，还要呈放射状舒展开才显眼大，
用不同的手法刷涂根部与梢部，制造既浓密又纤长的效果，
眼中、眼角和眼尾要按不同的方向刷涂，才能使睫毛呈现放射状。

三段法打造扇形上睫毛

用左中右三段法使睫毛呈现放射状，用不同的手法刷涂根部与梢部。搭配睫毛底液增加睫毛的分量感，使睫毛更加纤长浓密，提升眼部的立体感。

Skills ◢

1 横握刷头，把睫毛底液从上睫毛根部向梢部轻轻涂抹，为打造浓密效果打好基础。

2 将所有睫毛分成三等份，横向握住睫毛膏，从睫毛根部开始左右移动刷至中部。

3 用刷头刷涂眼部中央睫毛的梢部，不要呈"Z"字形涂抹梢部，否则会破坏梢部的纤长效果，也不要涂抹得过厚，避免膏体结块。

4 用刷头的后部向太阳穴方向刷涂眼尾睫毛，用刷头的前端向眉头的方向刷涂眼角的睫毛。

横向使用睫毛膏向上带睫毛，纵向用刷头固定根部与拉长，随时改变刷头的使用方向，使效果更加完美。而不论要刷几层睫毛膏，都要等到上一层干了之后再刷涂下一层。

KEYS!

大眼"神器"——假睫毛 ▷

粘假睫毛和如何正确使用假睫毛将直接影响到化妆效果，
用适量的胶水与适合的手法，在适当的时机粘贴，
使真假睫毛融为一体，塑造出真实感睫毛。

💄 粘贴前的准备工作

粘贴假睫毛前先将眼部妆容完成，自身睫毛也要打理。粘贴假
睫毛的成功要素之一就是假睫毛胶水的用量，不要一次涂过多。

Skills ◢

KEYS!
点涂胶水后，不要
马上贴，应将假睫
毛上的胶水轻轻吹
至半干的状态，使
假睫毛更易快速贴
合，不易错位。

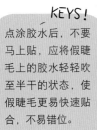

1

假睫毛应该在所有眼妆完成
后进行粘贴，先用眼线液将
眼线勾勒出来。

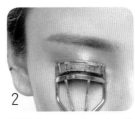

2

夹睫毛时不要过于用力，夹
出折角会使假睫毛的粘贴有
难度，夹出与假睫毛相似的
弧度就可以了。

3

用睫毛膏轻轻刷涂睫毛，这
样可以使后续的假睫毛看起
来更加自然。

4

一定要用小镊子将假睫毛从
盒中取出来，直接用手摘很
有可能导致假睫毛的损坏。

5

新的假睫毛梗部都会有一些
白胶，用手指轻轻地将其摘
除。或将已经使用过的假睫
毛胶水清理掉，避免粘在眼
睑上使眼线看起来过粗。

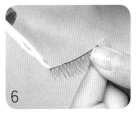

6

在梗部先薄薄地点涂一层假
睫毛胶水，等胶水干了30%
左右时再点涂第二层，过多
会导致不自然的妆感，过少
又会使假睫毛很快掉下来。

假睫毛的佩戴方法

按照中间→眼角→眼尾的顺序粘贴假睫毛，尽可能地使假睫毛与自身睫毛贴合，真假睫毛的角度要调整得自然贴合，避免出现上下分层的状态。

Skills

1 用小镊子夹好假睫毛，要夹在靠近梗部的位置，夹在梢部会不好控制。

2 从距离眼角5mm左右的位置开始粘贴会看起来更自然，掌握好距离后，将假睫毛轻轻地放在自身睫毛的根部。

3 把握好位置后，立刻粘贴假睫毛的尾部，不要使假睫毛与自身睫毛之间产生空隙，粘贴后保持20秒左右。

4 将假睫毛的中部与尾部牢牢地粘好之后开始粘贴眼角部分，顺着眼形，贴着自身睫毛的根部进行粘贴，粘好后再保持10秒左右。

5 确定将假睫毛牢固地粘好后，用小镊子夹住假睫毛和自身睫毛，利用手腕的力量轻轻向下拽，使假睫毛更加贴近自己的睫毛。

6 用睫毛夹夹住假睫毛与自身睫毛的中间部分，一边用镜子检查弧度，一边反复轻轻地夹起，直到满意为止。

7 用指腹轻轻调整睫毛的角度，并轻轻捏住，利用手指增加睫毛的贴合度，使真、假睫毛融为一体。

8 即使假睫毛胶水完全干透了还是会看得出来，用手指轻轻提起上眼睑，用黑色眼线液将睫毛之间的空隙填满。

9 用黑色眼线液沿着睫毛的根部，从眼角开始勾勒出细细的眼线，填补睫毛间隙，自然遮盖住贴合处。

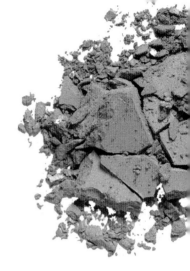

增添好气色——腮红

自然的腮红粉，色彩感强的腮红膏，滋润的胭脂水，根据自身的肤质特点与缺陷，选择适合的腮红产品，再搭配恰当的涂抹手法，打造精致的小脸红润妆容。

粉状腮红

◎粉状腮红质地轻薄，有较好的持久性，颜色上也多种多样，能够带来细腻的肤质与健康自然的美感，是市面上最为常见的腮红种类，基本分为亚光感与珠光感两种，非常适合初学者使用。

◎用腮红刷蘸取后，先在手背或纸巾上去除浮在表面的粉末，然后一点点阶段性地涂抹，呈现出自然的妆感。

◎适合油性肌肤或混合型肌肤，能够抑制一部分油光，干性肤质要慎用，容易使粉末浮在脸上。

膏状腮红

◎含有较高的油脂含量，可以将色彩轻松地涂在脸颊上，呈现出滋润服帖美感，具有较高的显色度与较好的持久性，相对色彩会浓重一些。

◎用海绵块蘸取适量膏体并点涂在合适的位置，然后用手指向外晕开。

◎腮红中的油脂可以满足干渴肌肤的需求，适合干性或混合性肌肤。

液状腮红

◎也叫作胭脂水，由水与颜料组成，可以使肌肤从内到外自然地透出红润感，具有良好的持久性，但对于颜色有限制性。

◎少量多次使用，要快速推匀，以免干掉后变成不均匀的色块。

◎适合所有类型肤质，尤其是干性肌肤，可以打造出贴合度高的自然腮红，液状腮红还可以涂在唇部。

Makeup Skills 13

修容基础——高光与阴影 ▷

对于五官较为平淡的亚洲人来说，修容是妆容中必不可少的，
利用光影作用不留痕迹地修饰出脸部的立体感，
通过细节上的修容，在维持整体妆容平衡感的同时营造凹凸有致的效果。

用自然光泽强调轮廓

◎通过在视觉的中心区域轻薄地加入高光，利用粉末的光反射原理，
增加局部立体感，提升肤质透明度，凸显富有光泽的立体妆容。
◎刷高光粉时要在肌肤上轻拂，使高光粉附着得更轻薄，光感才能更
加自然。

Skills ◢

> 高光的颜色不要过
> 于发白，否则会使
> 妆容看上去很不自
> 然。可以选择含有
> 细微珠光，与肌肤
> 贴合度较好的高光
> 粉，带给妆容细腻
> 而柔和的光泽。
>
> KEYS！

1 从额头中央部位开始，按照"川"字形向下轻柔描绘，轻刷至眉毛上方。

2 从眉心开始，将高光粉向鼻尖部分轻刷，要一笔刷过，避开鼻尖的部分。

3 从眼角开始向颧骨方向，呈放射状刷上高光粉，提亮眼下三角区，消除眼周黯沉。

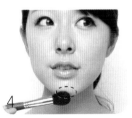

4 将刷头上的余粉轻柔地在下巴中央部位小面积画圈晕染，自然提亮下巴区域，使脸部的轮廓线更加明显。

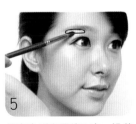

5 用高光刷在眉峰下方，沿着眉毛的生长方向重复涂抹高光粉。

6 然后同样用修容刷沿着眼尾下方的C形区域轻轻地涂抹高光，可以使眼部轮廓更加清晰，眼眸更加有神。

深邃紧致的视觉效果

◎阴影可以带来凹陷、深邃和收敛的视觉效果，沿着骨骼结构以轻轻滑过的方式在阴影区域轻薄地添加阴影粉，使脸部结构更加立体。

◎要控制好阴影的用量和刷涂范围，小面积地轻薄涂抹，避免妆面显脏。

Skills

1 轻咬牙，将示指沿着脸颊凹陷处放置，指尖触及的耳部前侧就是加入阴影的起点。

2 用修容刷蘸取阴影粉，在面巾纸上轻扫去余粉，从起点向侧面小幅度地呈放射线状轻扫上阴影粉。

3 用阴影刷从起点开始，沿着脸部轮廓刷至下巴。耳朵下方至下巴的轮廓线处也要轻刷阴影，使脸部与颈部颜色自然过渡。

4 从眉峰处开始，沿着发际线小幅度地移动刷头扫至起点位置，修饰出紧致的轮廓。

5 刷侧面轮廓的阴影之后，再沿轮廓线向内侧刷一次，使腮部轮廓更加柔和。在额头上方（横向不超过眉峰）与下巴尖轻刷阴影，可以从视觉上缩短长度，脸部轮廓看上去更小巧。

自然修容的注意事项

◎选择比自身皮肤颜色深一号的修容产品，用修容刷蘸取后，先在手背上擦一下，调整粉末用量。

◎要从脸部外侧开始向内侧涂抹阴影粉，这样才能打造出自然妆效。

◎不要一次性就将阴影涂完，一点点地加入阴影，要将阴影的轮廓线晕染自然，避免出现明显的修容痕迹。

◎完成后进行整体检查，如果有颜色过深的地方可用粉刷或海绵延展开。

色彩的魅惑——唇妆产品

对于唇妆来说，除了颜色之外，质感上也要考虑到位，
无论是光泽感、珠光感还是亚光感双唇，都可以通过不同产品展现。
了解各种产品的质地与特点，打造出适合自身唇形与整体妆容的双唇。

唇膏

◎唇膏是最为常见的唇妆产品，一般为固体，质地要比唇彩与唇蜜干、
硬，色彩饱和度高，颜色遮盖力强，可以用来修饰唇色与唇形。
◎搭配唇刷使用可以提升色彩的饱满度与唇膏的持久性。
◎市面上唇膏种类多分为金属感、亚光感、油亮感、水润感等。

唇彩

◎多为黏稠液体或薄体膏状，晶亮剔透，可以使双唇更加滋润，上色后可以
增加唇部立体感。具有较好的油亮透明度与滋润保湿性，但较为容易脱妆。
◎可以单独使用，也可以涂在唇膏之上，更可以用作眼影使用。
◎市面上唇彩种类多分为淡彩型、亮彩型、珠光型、液体型等。

唇蜜

◎唇蜜质地较为黏稠，呈啫喱状，与唇彩相似，但产品多为棒状，液体
直接从管中挤出，晶莹剔透，有足够的滋润度，但是遮盖力较弱。
◎唇蜜的颜色都较淡，一般与唇膏搭配使用，适合淡妆或裸妆。

唇线笔

◎唇线笔一般用于勾勒修饰唇形，可以使唇形更加完美、清晰，也可以防止
唇膏向外化开，使唇膏更加持久。
◎一般使用的唇线笔颜色与自身唇色相近，或者与所表现的唇膏颜色一致。

Chapter 2

春之
美妆术

随着春日的到来，天气渐暖，
是时候脱下暗淡、厚重的冬"妆"了，
厚厚的底妆是禁忌，
清新淡雅的妆感是首选，
多选用含有珠光粒子的产品，
用明媚清透的花漾春妆，
迎接温暖多姿的春天。

Spring
Makeup

Spring
keup 1

Before

用淡妆营造安静的清新文艺氛围

春日中的一抹草绿

天气渐暖，万物复苏，脸上的妆容也要添加一些生气，
随着身上的衣物减少，化妆时也要为脸部脱去一层层的厚重感，
在裸妆的基础上给眼眸上添加一抹草绿色，用光泽感为妆容提升质感。

　　Chapter2　春之美妆术

□ 因为眼妆较轻，所以底妆也要薄，选用质地较轻的粉底液，尽量减少粉质粉底的用量，提升妆容的平衡感。

□ 整体妆容以洁净、轻薄的感觉为主，眼影的范围不要过大，以线形的感觉涂抹，眉毛的颜色要与发色相近。

□ 草绿色眼影要选择色彩浓度较高的产品，使眼影颜色更加充实。选择扁平的眼影刷，画出眼线的感觉。

如眼线般纤细的草绿色眼影

1　用眼影刷蘸取含珠光粒子的浅杏色眼影较大范围地晕染在上眼睑，薄薄地刷涂1～2次即可。

2　用眼影刷蘸取步骤1中的珠光感浅杏色眼影沿着下眼睑睫毛根部，窄幅地眼尾涂抹至眼角。

3　用眼影刷将含有珠光粒子的金棕色眼影浅浅地涂在双眼皮褶皱处，颜色不要太浓。

 珠光感浅杏色眼影

 珠光感金棕色眼影

4　用眼影刷蘸取草绿色眼影，如画眼线般地沿上眼睑睫毛根部从眼角开始向眼尾画出一条细线，眼尾处拉长并上扬。

5　用眼影刷蘸取少量步骤2中使用的珠光感金棕色眼影，轻轻地点涂在下眼睑的眼尾处，提升眼妆的层次感。

6　用黑色眼线液填补上眼睑睫毛间隙和睫毛与黏膜之间的空白部分，从眼尾开始向眼尾勾勒纤细的内眼线，在眼尾处稍稍拉长。

 无珠光感草绿色眼影

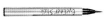 黑色眼线液

清爽型防水睫毛膏

7　用睫毛夹将上睫毛夹卷后，用清爽感睫毛膏轻轻地刷涂上睫毛，不要刷涂得过厚，以免破坏淡妆的洁净感。

8　然后用睫毛膏上余下的膏体仔细地刷涂下睫毛，轻轻刷涂两次即可，避免刷出"苍蝇腿"。

用粉扑将珠光感蜜粉轻扑在腮红部位，可以使妆容看起来更加通透。

\ KEYS! /

🎀 腮红与唇妆

珊瑚色膏状腮红

9　用指腹蘸取适量的珊瑚色膏状腮红，从眼部下方开始向着太阳穴方向有间隔地点一下。

10　然后用指腹从内向外轻轻地将腮红涂开，手指不要过于用力，涂开后再用指腹轻轻拍打，消除明显的边缘。

唇部专用遮瑕蜜

11　用手指蘸取与肤色相同的遮瑕蜜，用指腹轻轻地打在唇部上，遮盖住原有的唇色，使后续唇膏的显色更加漂亮。

12　用唇刷蘸取适量的珊瑚色唇膏，在嘴唇内侧横向涂抹，然后慢慢地向外侧涂抹，涂出层次感，唇线周围可以空出不涂。

干燥春天的水润底妆

水润底妆的重点是选择含油量、含水量较高的产品，
适合脸上细纹较多、肌肤较为干燥、脸部轮廓比较平淡的人群。
水润感与光泽感完美地融合在一起，能够掐出水一般的肌肤，
无论在任何场合都能够令人大放异彩。

娇嫩欲滴般的水感肌肤

◎涂抹粉底前，先利用保湿喷雾维持脸部肌肤的湿润度，
搭配粉底刷由内向外涂抹粉底。
◎将散粉扑在眼周、鼻部等细小部位，既可以弥补粉底刷
遗漏的部位，又可以避免容易出油部位的脱妆。

Makeup Skills

1.将水分含量高的妆前底乳用手指点涂在脸部，从内向外均匀地涂抹，将肌肤表面调理得细腻光滑。

2.毛孔较为粗大的鼻翼部位用指腹边转圈边将妆前底乳涂抹均匀。

3.在涂抹粉底前，用保湿喷雾在距离脸部30cm处喷2~3次。

4.在脸上水分蒸发之前，从内向外涂抹粉底液，比起海绵块，粉底刷更能够展现水润透亮的粉底。

5.用遮瑕液薄薄地遮盖脸上瑕疵，使脸部更加透白。痘痘、色斑等明显的瑕疵用遮瑕笔遮盖。

6.将适量散粉以按压的方式轻轻地盖在上、下眼皮与鼻周，避免脱妆。

魅力升级的棕色眼尾

粉与棕的结合，"双拼"出魅力眼眸

Before

线条的长度与颜色的浓度决定了整体感觉，游走在强烈与优雅之间，
用深咖啡色眼影在眼尾拉出扬起的线条，与可爱的粉色双颊融合，
散发可爱与优雅兼并的独特魅力，让人不得不爱。

□ 眼妆淡雅的同时底妆也要薄，用质地较轻的粉底液，尽量减少粉质粉底的用量，提升妆容的平衡感。

□ 因为眼妆重点在眼影上，所以不需要描画眼线，描画眼线反而会将眼影盖住，无法突出眼影的魅力。

□ 唇部选择带有沉静感觉的米粉色唇膏，可以选择稍稍含有珠光粒子的产品，与带有光泽感的脸颊相衬。

双色眼线感眼影线条

1 用眼影刷沿着上睫毛根部将带有淡淡珠光感的浅粉色眼影窄幅地涂在双眼皮褶皱部位。

2 然后用眼影刷将同样带有淡淡珠光感的深咖啡色眼影如画眼线般从眼部中央开始向眼尾描画出线条，在眼尾处稍稍拉长并上扬。

3 然后用眼影刷将刷头上余下的深咖啡色眼影轻轻地点在眼尾部位，与上眼睑的眼影连起来。

 淡淡珠光感浅粉色眼影

 淡淡珠光感深咖啡色眼影

4 将带有珠光感象牙白色眼影涂抹在下眼睑，眼角部分要加重颜色，提亮眼角，然后从眼角开始向上眼睑的眼部中央轻轻晕染。

5 用睫毛夹将睫毛夹卷后，用睫毛膏轻轻地刷涂上睫毛，然后用刷头的顶部刷涂下睫毛，突出眼部轮廓。

6 用腮红刷将无珠光感的浅粉色腮红轻轻地涂抹在脸颊中央，为了呈现清纯感，腮红颜色不要过深。

 珠光感象牙白色眼影

 清爽型防水睫毛膏

 无珠光感婴儿粉色腮红

五种不同眼形的眼影涂法

用眼影修饰眼形缺陷

底色

过渡色 ― ― ― ―

重点色 ―――――

高光　×××

丹凤眼 ▲

将重心向前移
\ KEYS！/

底色：　　　　　基底色要涂得宽一些，睁眼时看到
1cm左右即可，底色的主要作用是为后续眼影颜色增
强色感，使眼睛看起来更加娇艳。

过渡色：　　　　想要调整上调的眼形，双眼皮褶皱部分要涂得深一些，越
往上越浅，加重眼角部分，要涂得厚一些。

重点色：　　　　重点色也要将重点放在眼角，整体区域比过渡色窄一些。

单眼皮 ▲

重点色薄而有层次
\ KEYS！/

底色：　　　　　　基底色不要涂得过宽，睁眼时看到
7mm左右即可。打底眼影大部分都带有珠光感，涂得
太宽会使眼睛看起来更加水肿。

过渡色：　　　　涂得深一些，睁眼能看到5mm左右即可，先睁开眼确定涂
抹区域，然后再闭眼将空白部分涂满。

重点色：　　　　睁眼时能看到2mm左右即可，先用颜色较浅的眼线笔或深
色眼影画出宽3mm左右的线条，然后用眼影棒晕染，不要超过指定区域。

高光：　　　　　在眉峰下方的眉骨部位加入高光可以收敛水肿感。

🧴 下垂眼

将重心向后移

\ KEYS! /

底色： 基底色要涂得宽一些，睁眼时看到1cm左右即可。

过渡色： 将上眼睑分成三部分后，只强调眼尾部分。

重点色： 只涂抹眼尾，向上涂抹，形成顶点指向眉尾的三角形。

🧴 凹陷眼

凹陷的眼窝处加入高光

\ KEYS! /

底色： 用带有淡淡珠光感的产品涂抹在除了眉骨以外的部位。

过渡色： 将过渡色涂抹在靠近凹陷部分眼骨的下面部分。

重点色： 只在双眼皮褶皱部位轻轻涂抹，不要强调眼窝部位。

高光： 在眼窝处涂抹几乎没有珠光感的亮色眼影，珠光感过强的话，有光线照射的时候，会显得不自然。

🧴 圆形眼

将重点色涂薄并拉长

\ KEYS! /

底色： 睁眼时看到1cm左右即可，在左右方向上拉长。

过渡色： 睁眼后看到8mm左右，眼角处稍稍拉长，眼尾处拉长1cm左右。

重点色： 沿着双眼皮线薄薄地涂抹，眼尾处拉长，然后在下眼睑黑眼球外侧到眼尾的区域薄薄地涂抹眼影。

如同落在上眼皮上面的可爱花瓣

清新可爱的日常妆

Before

眼眸中隐隐晕染出的粉色既带一点可爱，又带一点羞涩，
与粉扑扑的双颊和亮丽的粉唇相搭配，变身为甜美的清纯小女生，
无论走到哪里都成为聚目的焦点，不妨在出门时尝试一下。

□肌肤状态较好时，可以用海绵块蘸取少量粉饼薄薄地按压，使底妆呈现出更为自然、轻薄的状态。

□眼妆中的点睛之笔在于淡淡的粉色眼影区域，比起使用眼影刷，利用指腹可以更好地控制颜色的深浅。

□选择含有珠光粒子的眼影产品是必不可少的，为了避免眼睛显得浮肿，在眼线产品上选择线条较为紧实的眼线液，收紧眼部轮廓。

渲染出淡淡的粉色光泽

1 用眼影刷将带有微微珠光感的米色眼影从眼角开始向眼尾大面积地涂在上眼睑打底。

2 然后用眼影刷将同样的米色眼影大面积地涂在下眼睑打底，提亮眼睑。

3 用小号眼影刷将带有淡淡珠光感的棕色眼影沿着睫毛根部涂在双眼皮褶皱部分，从眼角开始涂抹，要涂出较为明显的颜色。

珠光感米色眼影

中号眼影刷

淡淡珠光感棕色眼影

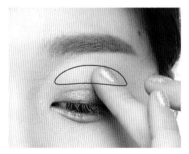

4 用眼影刷上的棕色眼影余粉，轻轻地点涂在下眼睑眼尾，范围不要过大，提升眼部的层次感。

5 用指腹蘸取适量的珠光感淡粉色眼影，轻轻地点涂在上眼睑的上半部分。

6 用眼影刷蘸取珠光感象牙白色眼影，从下眼角开始沿睫毛根部向眼尾窄幅地涂抹，提亮卧蚕部位。

淡淡珠光感棕色眼影

淡淡珠光感浅粉色眼影

珠光感象牙白色眼影

7　用棕色眼线液沿着睫毛根部从眼角开始向眼尾勾勒出纤细的上眼线，在眼尾部分稍稍拉长并上扬，黏膜部分的空白也要填满。

8　将上睫毛夹卷后，横向握住睫毛膏刷头，轻轻地向上刷涂睫毛，睫毛膏刷头的尖端刷涂眼角与眼尾的短小睫毛。

9　然后纵向握住睫毛膏刷头，用刷头尖端轻轻地刷涂下睫毛，一根一根地仔细刷涂，并在梢部轻轻拉长。

如果觉得眼部轮廓不够清晰，可以用黑色眼线液填补黏膜部位。

\ KEYS! /

唇部专用遮瑕蜜

💄粉嫩的脸颊与双唇

无珠光感暖粉色腮红

10　用腮红刷蘸取适量的粉色腮红，在微笑时颧骨的最高处刷涂，以画圆的方式滑动刷头。

亚光感亮粉色唇膏

11　用手指蘸取适量的唇部遮瑕膏，轻轻按压在整个唇部，遮盖住自身唇色。

12　然后用唇刷蘸取粉色唇膏，沿着唇部轮廓将唇膏涂抹在整个唇部，从嘴角向内涂抹，避免膏体堆积在嘴角导致脱妆。

提高眼影色彩的明亮度

上眼影前的眼部打底

基底色与过渡色

用指腹将白色饰底乳或眼部专用粉底大面积地涂抹在上眼睑，消除眼睑处的黯沉肤色，提升眼影的着色效果。

将重点色涂薄并拉长

用粉扑轻轻按压上眼睑部分，吸除眼睑上多余的油分，调整肌肤质感，提升眼影的涂抹效果。

将眼影点缀在下眼尾

在涂抹眼影前，先在上眼睑部分涂抹眼蜜或眼影膏，增加眼影的附着力，提升眼妆的饱满度，眼蜜的质地越浓稠，显色的效果越好。

Spring
Makeup 4

Before

给人一种温暖的感觉的清恋靓丽妆容

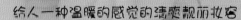 橘子般的鲜嫩色泽

觉得单一的唇色有些无聊的时候，不妨试一试渐变感唇色。

选择活泼的橘色，从内到外，由深到浅，自然过渡的唇色时尚感十足，

再搭配点缀在眼尾的橘色眼影，使整体妆容灵动起来。

42 | Chapter 2   春之美妆术

☐ 在干燥的春天比较适合较为水润的底妆，选择含水量较高的底妆产品，从脸颊内侧向外侧进行涂抹。

☐ 妆容重点在于橘色的渐变唇，将自身的唇色遮盖后，通过点涂的方式从嘴唇内侧开始将颜色自然过渡。

☐ 选择带有珠光感的眼影产品是关键，给整体妆容带来灵动感，避免平淡无奇的老气感觉。

将橘色眼影点缀在后半部分

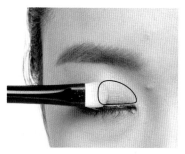  

1 用眼影刷蘸取珠光感较强的米色眼影，涂抹在整个上眼睑的前半部分，从眼角开始向眼部中央方向涂抹。

 珠光感米色眼影

2 用眼影刷将珠光感较强的橙色眼影较窄幅地涂抹在上眼睑的后半部分，在眼尾部分稍稍向外侧涂一点。

 珠光感橙色眼影

3 然后用眼影刷将上一步所使用的橙色眼影涂在整个下眼睑，避开黏膜部分，宽度在5mm左右，越到眼尾颜色越深。

4 用眼影刷将适量的珠光粉点涂在上眼睑米色眼影与橙色眼影的交接区域，起到提亮作用的同时使眼影颜色自然过渡。

 珠光感象牙白色眼影

5 用手指将上眼睑轻轻提起，用黑色眼线液将上睫毛的根部填满，从眼角开始向眼尾一点点地勾勒出内眼线。

黑色液体眼线笔/眼线液

6 然后沿着睫毛根部从眼角开始向眼尾勾勒纤细的上眼线，眼尾处延长7mm左右，不要向上扬起，睁眼时眼线保持水平即可。

浓密型防水黑色睫毛膏

7 用睫毛夹将将睫毛夹卷翘后，用睫毛膏细细地刷涂上睫毛，在睫毛根部呈"Z"字形涂抹，提升睫毛的浓密感。

用唇刷蘸取唇膏涂抹会更容易进行控制，蘸取唇膏后在下嘴唇内侧横向涂抹，然后慢慢地向外侧涂抹，下唇线3mm以内不要涂抹。涂抹上嘴唇的方法与上嘴唇相同，先横向再向外有层次地涂抹。比起唇刷，用唇彩的刷头可以使唇膏渐变地更加自然，最后在上、下唇的中央进行点涂，可以强调出双唇的饱满感。

\ KEYS! /

温暖的橘色渐变唇

唇部专用遮瑕膏

Spring
Makeup 5

8 用遮瑕刷将唇部遮瑕膏或粉底涂在唇部，遮盖自身的唇色，唇部中央部分可以留着不涂。

9 从唇部中央开始直接涂抹橘色唇膏，越到唇部的外侧颜色越浅，留出边缘部分不涂，呈现出渐变的效果。

10 将无色的透明唇彩涂在整个唇部，可以涂出唇线1mm左右，提升饱满度，涂抹的同时使渐变效果更加均匀漂亮。

丰盈透明唇彩

11 用腮红刷从微笑时颧骨的最高处开始，沿颧骨弧度将橘色腮红晕染至脸颊骨转角的部位。

拯救眉毛小缺陷①

频繁地拔眉或脱色很容易造成毛量的减少、眉色变淡，用眉笔与眉粉矫正眉形并修补眉色是描画的重点。只要在画眉妆的过程中加入补色、晕染的小技巧，就可以使眉形变得完整平衡，眉色变得浓淡相宜。

修饰频繁拔眉造成的过淡眉色

◎先用笔杆确认出眉峰至眉尾的适当位置，然后用眉粉填补眉色，强调出自然饱满的轮廓。

◎在选择眉粉的时候，使用颜色偏深一些的褐色或将深、浅色混合使用，可以使双眉看起来更加饱满。

Makeup Skills

1.先用眉笔笔杆确认眉毛中部至眉尾的位置，眉尾长度可以略长于基准线。

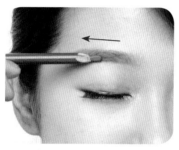

2.用眉笔从眉头开始，沿着眉毛下方轮廓线描呈直线至眉峰下方，强调出眉头至眉峰的轮廓。

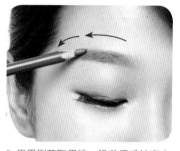

3.用眉刷蘸取眉粉，沿着眉毛轮廓内侧，从眉峰开始向眉尾填补眉色，再从眉头向眉峰描画，要注意两部分的眉色要自然衔接。

4.用眉笔仔细填补眉毛稀疏部位，用笔尖小幅度地仔细勾勒线条，画出自然的毛发感。

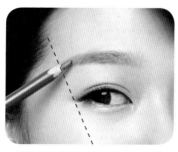

5.用眉笔沿着眉尾眉毛的走向填补颜色，稍稍画过嘴角与眼角连线的延长线，提升成熟感。

Before

用简单又细腻的手法打造精灵印象

争相效仿的聚会美妆

无论是与闺密一起出游还是与同学们的聚会都想打扮得美美的，
自然拉长的眼尾与稍稍晕开的下眼线既不显得夸张，又足够展现出魅力，
再用珠光感为妆容添加灵动感，让人不觉地被你吸引住。

□ 由于眼线较粗重，底妆要讲究洁净，清透的蜜粉不可少，眼周使用遮瑕产品，使眼线的轮廓更清晰。

□ 利用化妆中最基础的黑、棕、白三种颜色营造出灵动可爱的日常妆容，晕染眼线时要注意手法。

□ 眼线是妆容中的重点，用较为柔和的眼线笔可以避免黑色带来的沉重感，要选择持久不易晕染的产品。

稍稍晕开的眼线是重点

1　用眼影刷蘸取带有淡淡珠光感的浅杏色眼影，从眼角开始向眼尾较大范围地涂抹进行打底，薄薄地刷涂1～2次即可。

淡淡珠光感米色眼影

2　用眼影棒蘸取带有淡淡珠光感的浅棕色眼影，从眼角开始向眼尾涂抹在双眼皮褶皱部位，颜色不要涂抹得过深。

淡淡珠光感棕色眼影

3　然后再用眼影棒蘸取适量的象牙白色眼影，轻轻地点涂在上眼睑的眼部中央，提亮的同时使眼部看起来更加立体。

珠光感象牙白色眼影

4　用黑色眼线笔沿着上眼睑睫毛根部从眼角开始向眼尾勾勒出精致的上眼线，黏膜部位也要仔细地填满。

5　上眼线眼尾部分的眼线要稍稍拉长，不要向上挑起，随着眼部轮廓自然地拉长线条。

6　用黑色眼线笔从下眼尾开始向眼角方向勾勒下眼线，沿着睫毛根部勾勒至下眼睑中部即可。

铅笔式黑色眼线笔

7　用黑色眼线笔轻轻地勾勒上眼角与下眼角的黏膜部位，作出开内眼角的效果，可以使眼形更加明显，拉长眼形。

8　用眼影棒的顶端将下眼线的眼线轻轻地向眼尾方向晕染开，自然地与上眼线衔接在一起。

9　用眼影棒蘸取适量的象牙白色眼影，从下眼角开始向后涂抹珠光感象牙白色眼影，提亮卧蚕部位，使妆容看起来更加可爱。

10　用睫毛夹将睫毛夹卷后，用睫毛膏仔细地刷涂上下睫毛，不要多次反复涂抹，避免涂成"苍蝇腿"睫毛。

勾勒眼线时以左右小幅度移动笔尖的方式勾勒，不要一气呵成，来回描绘多次会使眼线更加自然。

\ KEYS! /

淡淡的腮红与唇色

无珠光感暖粉色腮红

浅粉色唇膏

11　用腮红刷将淡粉色腮红涂抹在微笑时颧骨的最高处，转动刷头，如画圈般涂抹腮红，使腮红更加显色。

12　用遮瑕膏将自身的唇色遮住后，用唇刷将散发草莓牛奶色泽的淡粉色唇膏涂抹在唇部，从嘴唇内侧开始向外涂出渐变感。

根根分明
下睫毛

多数人的下睫毛都较为细短，难以打理出弧度，
配合电烫睫毛器，纵、横两种方法使用睫毛膏刷头刷涂睫毛，
选择刷头较细的睫毛膏，更为容易一根一根地着色，
改善下睫毛短、淡的问题，轻松实现向下翻卷的效果。

纵、横双向使用睫毛膏刷头

◎涂抹透明睫毛底液的时候不要过量，轻带几下即可，避
免后续涂抹睫毛膏时，睫毛都黏结在一起。
◎刷涂下睫毛时总会容易弄脏下眼睑的皮肤，将化妆棉垫
在下睫毛的下方，这样就可以放心地刷涂下睫毛了。

Makeup Skills

1.涂抹下睫毛之前也要涂抹睫毛底液，横握住刷头从下睫毛的根部向下刷涂。

2.然后再竖握刷头涂抹，增加底液用量，增长睫毛，眼角与眼尾的短小睫毛也要用刷头的前端仔细打理。

3.横握刷头从下睫毛根部向梢部刷开，使下睫毛根部也涂上浓密的睫毛膏，提升下睫毛的分量感。

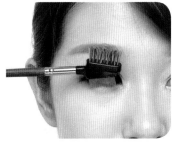

4.下睫毛较短较稀疏，竖握住睫毛刷，用刷头的前端一根一根地仔细刷涂下睫毛，并且在梢部轻轻拉长。

5.将电热睫毛器放在下睫毛根部保持3秒，然后再缓缓向梢部移动，使睫毛充分定型。

6.用睫毛梳梳理下睫毛，将结块的睫毛膏去除，只梳理靠近梢部的睫毛，保持睫毛根部的浓密度。

用柔和的优雅珠光感包裹住眼眸

棕色光泽的韩式优雅

Before

如果觉得黑色眼线有些生硬，不妨使用柔和的棕色眼线，
用眼影简单地做出阴影效果，再用珠光感的棕色眼线笔勾勒线条，
利用温柔光泽将充满女人味的淑女气质展现得淋漓尽致。

□ 韩系格调底妆讲究干净、轻薄，在充分做好护肤的基础上，最大限度地减少底妆产品的用量。

□ 换掉生硬的黑色眼线，用棕色勾勒出柔和的眼眸，再用隐隐的珠光感渲染出优雅的女人味妆感。

□ 选择眼影与眼线产品时，带有淡淡珠光感是关键，如果觉得眼睑上的肉较多，可以将白色替换成米色。

🌸 散发光泽的棕色眼线

1 用眼影刷将带有淡淡珠光感的珍珠白色眼影涂抹在整个上眼睑，眉骨部分也要涂到，注意颜色不要涂得过浓。

珠光感象牙白色眼影

2 用眼影刷将带有淡淡珠光感的浅咖啡色眼影涂抹至上眼睑一半部分，睁开眼可以看见3mm左右，轻轻刷涂3~4遍即可。

珠光感浅棕色眼影

3 然后用眼影刷将步骤2中使用的浅咖啡色眼影较宽幅地涂抹在整个下眼睑。

4 用眼影刷将色感较低的棕色眼影窄幅地涂抹在上眼睑，宽度稍稍宽于双眼皮褶皱部分。

无珠光感棕色眼影

5 用眼影刷将步骤1中使用的珍珠白色眼影涂抹在内眼角与下眼角的卧蚕部分，进行提亮。

珠光感象牙白色眼影

6 用黑色眼线笔填满上眼睑的黏膜部位后，用带有珠光感的棕色眼线笔沿睫毛根部勾勒上眼线，在眼尾部分稍稍拉长并上扬。

珠光感的棕色眼线笔

浓密型防水黑色睫毛膏

7　然后避开下眼睑黏膜部位，用棕色眼线笔勾勒下眼线，从下眼尾勾勒至黑眼球中央部位。

8　用睫毛夹将上睫毛夹卷后，用睫毛膏仔细地刷涂上睫毛，下睫毛也要轻轻地刷涂几下。

如果想要更加鲜明的眼部轮廓，比起眼线笔，更适合使用棕色眼线膏。

\ KEYS! /

粉色与米色的绝妙混合

无珠光感荧光粉腮红

9　从眼角下方开始向斜下方呈放射状刷涂高光粉，提亮眼下三角区，消除眼周黯沉。

10　将粉色腮红从脸颊外侧刷涂至脸颊中央，将腮红重点放在外侧，用腮红刷呈画圈状刷涂，越往下越窄。

粉色唇膏棒

米色唇膏

11　直接用粉色唇膏棒或用唇刷蘸取粉红色唇膏，仔细地涂抹整个唇部，从嘴角开始涂抹，嘴角至唇峰的线条要饱满。

12　用唇刷蘸取米色唇膏从嘴唇轮廓线开始向内侧涂抹，将两种颜色自然融合。

拯救眉毛小缺陷②

高度一致的眉毛是眉妆中的基本要素，
可以通过眉笔、眉粉与修型的帮助，弥补缺失的眉毛部分。
不对称的双眉会导致妆容缺失平衡感，从而影响整体妆容，
所以平衡统一的眉形成为协调脸部妆容中的重要部分。

修饰高度不一致的双眉

◎用眉笔勾勒出中心轮廓线，参照两侧眉毛的高度，利用眉笔与眉粉柔和地调整两侧眉毛的高度。
◎用眉粉填补完眉形之后，用眉刷上剩余的眉粉轻轻刷过眉头，提升眉妆的自然感。

Makeup Skills

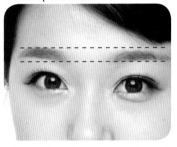

1.平视前方，仔细地观察镜子中的眉毛，仔细地确认眉峰的高度和眉形的弯度。

2.用眉笔从眉中到眉尾画一条中心轮廓线，从容易画的一条眉毛开始画，另一条眉毛如果略高就向下调整，略低就向上调整。

3.再次确认左右眉毛后，用眉笔画出下方的轮廓线，尽量保持两边的轮廓线协调一致，然后按照基础修眉的方法把超出轮廓线的眉毛修整齐。

4.空出眉头，将眉粉刷向眉尾并填补略低的部分，保持眉毛粗细一致。

5.最后确认眉毛的整体造型后，将眉毛轮廓上方较粗的眉毛拔掉。

用拉长的眼线与睫毛强调出女人味

可爱满分的好感妆容

Before

利用深沉的棕色色调营造出温柔中又具有深度的印象，
与粉色脸颊与双唇组合出可爱感，再用加长的眼尾睫毛提升女性气质，
以散发光泽的眼睑与肌肤为基底，完成满足度极高的端庄优雅妆容。

□ 脸颊、鼻翼部位如果毛孔粗大比较明显，刷涂烦恼地前先用遮瑕膏进行遮盖，起到均匀肤色的功效。

□ 好感妆容的重点在于柔和的妆感与拉长的眼尾，比起生硬的眼线，用眼影拉出更加温柔的线条。

□ 在选择描画线条的黑棕色眼影时要选择色彩浓度较高的产品，用扎实的颜色突出眼部轮廓。

将眼妆重点放在眼尾

1　将带有淡淡珠光感的米色眼影薄薄地晕染在上眼睑，从眼角开始涂抹到眼部中央就可以了。

2　用眼影刷将浅棕色眼影沿着睫毛根部窄幅地涂抹在上眼睑，从眼部两侧开始向中间晕染。

3　将色彩浓度较低的棕色眼影涂抹在眉峰下方，要使阴影与米色眼影自然地融合，用晕染刷将眼影轻轻延展开。

 淡淡珠光感米色眼影

 珠光感浅棕色眼影

 无珠光感棕色眼影

4　将米色眼影涂抹在整个下眼睑打底后，将步骤2中使用的浅棕色眼影窄幅地涂抹在眼部中央，比黑眼球稍宽一点，提升立体感。

5　用眼影刷蘸取适量的珠光感象牙白色眼影，点涂在内眼角部位，提亮眼眸的同时使眼形看起来更加立体。

6　利用接近于黑色的亚光棕色眼影画出柔和的眼线效果，用眼影刷蘸取眼影后从眼角开始描画，眼尾处稍稍拉长并上扬。

 珠光感象牙白色眼影

 无珠光感浓郁深棕色眼影

眼尾加长型假睫毛

不要选择过于浓密的假睫毛，会将淡淡的眼妆遮盖住。

\ KEYS! /

7　将上睫毛夹卷后，用睫毛膏有重点地向太阳穴方向刷涂眼睛中部至眼尾的睫毛，然后粘贴眼尾加长型假睫毛。

8　用黑色眼线液将假睫毛与自身睫毛间的空白区域涂满，黏膜部分用黑色眼线笔填充，使假睫毛看起来更加自然。

可爱感腮红与唇妆

粉色系四宫格腮红盘

9　用高光刷从额头开始向下轻刷高光粉，沿着鼻梁刷至鼻尖，笔触轻且连贯使高光由上向下自然淡开，提升脸部立体感。

10　将薰衣草色腮红与粉色腮红混合，用腮红刷将腮红粉呈月牙形刷涂在脸颊中央，腮红外侧不要超过眉尾处。

11　用唇刷将淡粉色唇膏均匀地涂满整个唇部，竖握唇刷涂抹可以将唇部肌肤上的纹路填满，打造更加光滑的质感。

12　然后将透明唇彩轻轻地点涂在唇部中央，营造出双唇的饱满感与光泽感。

淡粉色唇膏

根据自身的睫毛类型选择刷头

发挥睫毛膏最大功效

长短不一的睫毛

呈半月状的弯月形刷头可以贴合眼形弧度，将眼角、眼尾细小的睫毛都照顾到，刷头要细，刷毛要茂密。

稀疏、纤细的睫毛

刷毛长短不一的螺旋形刷头可以均匀地拉长每一根睫毛，睫毛液充分地附着在刷毛之间，可以最大限度地提升睫毛的浓密感。

浓密却短小的睫毛

呈现一字形、刷毛间隙均匀的梳子形刷头可以梳到每一根睫毛，并且打造出清爽的睫毛效果，适合搭配含有纤维的纤长型睫毛膏。

粗硬、下垂的睫毛

选择具有较好卷翘力的四角形螺旋刷头，呈螺旋状的刷毛可以将中部睫毛拉长，眼角与眼尾睫毛变浓密，使睫毛呈放射状上翘。

稀疏无力的睫毛

选择刷毛浓密的大号纤维刷头，大而浓密的刷毛可以令根根睫毛都被浓厚的膏体包裹住，并使睫毛充分卷翘。

Spring

8

Before

用樱花粉色散发可爱的少女情怀

浪漫的樱花约会妆

粉色是浪漫的代名词，可以最大限度地展现少女气质，
但粉色比较容易使眼睛看起来有点肿，利用米色眼影收紧眼部轮廓，
并用渐变感提升眼影层次，搭配清纯淡淡粉唇，营造出浪漫氛围。

FOUNDATION

□ 淡妆所需要的必要条件则是干净无瑕的底妆，利用遮盖效果出色的膏状粉底与遮瑕膏，将所有瑕疵隐藏掉。

MAKE UP

□ 在眼睑周围将淡粉色眼影晕染开，范围不要过大。为了防止眼睛显得浮肿，用棕色眼影点缀收紧轮廓。

COSMETICS

□ 因为粉色眼影已经有使眼睛看起来浮肿的效果，所以不要再选择珠光感过于强烈的产品。

用局部棕色收紧眼部轮廓

1 用眼影刷蘸取带有微微珠光感的象牙色眼影，从眼角开始向眼尾大面积地涂抹在上眼睑打底，提亮眼眸，轻轻涂抹1～2遍即可。

 淡淡珠光感象牙色眼影

2 用眼影刷将粉色眼影涂抹在上眼睑的双眼皮褶皱部分，从眼睛中央开始渐渐加深眼影色，呈现自然的渐变感。

 淡淡珠光感淡粉色眼影

3 用眼影刷将带有淡淡珠光感的米色眼影从眉头下方开始向斜下方晕染，收紧轮廓，呈现自然的阴影感。

 淡淡珠光感米色眼影

4 用眼影刷将粉色眼影从下眼睑的眼尾开始窄幅地涂抹至黑眼球内侧，轻轻刷涂1～2遍即可。

 淡淡珠光感淡粉色眼影

5 用眼影刷蘸取少量的珠光感棕色眼影，轻轻地点在下眼角部位，消除粉色眼影带来的膨胀感，但是面积不要过大。

 淡淡珠光感棕色眼影

6 用眼影刷将珠光感象牙色眼影涂抹在下眼角与下眼睑的卧蚕部位，从眼角开始向后涂抹，与粉色眼影自然地衔接。

淡淡珠光感象牙色眼影

7 用黑色眼线笔沿着睫毛根部从眼角开始向眼尾勾勒纤细的上眼线，眼尾部分不要过分地拉长，顺着眼形自然地勾勒。

8 然后用黑色眼线笔轻轻地勾勒上眼角与下眼角的黏膜部位，作出开内眼角的效果，可以使眼形更加明显，拉长眼形。

涂抹下眼睑时，可以在粉色眼影中混合一些棕橘色眼影，有重点地小幅度点在眼尾处，使眼眸更具重量，与米色自然地搭配。

\ KEYS !

9 用睫毛夹将睫毛夹卷后，用清爽型的睫毛膏仔细地刷涂上睫毛，不要多次反复涂抹，避免涂成"苍蝇腿"睫毛。

清爽型防水睫毛膏

10 用眉刷蘸取与发色颜色相近的眉粉，从眉头开始到眉尾细细地描画，眉峰轮廓不明显时，用眉刷小范围地填补。

🛍 选择相同的淡粉色调 ◢

浅粉色唇膏

8

无珠光感暖粉色腮红

11 用腮红刷将淡粉色腮红涂抹在微笑时颧骨的最高处，转动刷头，如画圈般涂抹腮红，使腮红更加显色。

12 用遮瑕膏将自身的唇色遮住后，用唇刷将散发草莓牛奶色泽的淡粉色唇膏涂抹在唇部，从嘴角开始向内侧涂抹。

完美遮盖眼部黯沉

黯沉的眼底总会令妆容效果大大降低，
针对眼周皮肤老化、血液循环不畅导致的不同类型黑眼圈，
应该选择适合自身肌肤的遮瑕品，通过画线、晕染、覆盖、提亮
等手法，对症下药，轻松消除黑眼圈。

循环型黑眼圈

◎循环不畅导致眼周大面积的黯沉问题，用暖色遮瑕膏中和眼周的偏深肤色，再用肤色遮瑕膏二次矫正。

◎第一层遮瑕范围不要过大，以遮盖住黑眼圈为准，第二层可以比第一层大一些，与周围的肤色自然过渡。

Makeup Skills

1.先将偏橘色的遮瑕霜点涂在黑眼圈部位并用指腹均匀涂开，再将与自身肤色相近的遮瑕霜重复涂抹在黑眼圈部位，范围要大一些。

2.用粉底刷蘸取粉饼，从眼角开始轻轻地向眼尾边拍打边涂抹，避免被遮盖掉的黑眼圈部位显得过于突兀。

3.用粉刷蘸取适量的蜜粉，大面积地扫在眼睛下方，提亮的同时进行定妆，提升遮瑕的持久力。

眼袋型黑眼圈

◎眼袋型黑眼圈一般集中在眼袋下缘，若直接在眼袋上遮瑕，会显得更加明显，将遮瑕范围控制在眼袋下方。

◎综合使用液状遮瑕笔与遮瑕膏，用指腹轻轻晕染在眼袋下方，先往下按压拍打，再轻轻往上拍按。最后利用珠光蜜粉，轻扑在遮瑕部位，提升眼袋下方的明亮度，使眼袋看起来不明显。

Spring

9

Before

酷感十足的烟熏感亮粉色眼线

亮丽的粉色摇滚LOOK

丢掉千篇一律的素雅春妆，用亮丽的颜色使印象更加生气蓬勃，
适当晕开的色彩眼线、散发光泽的下眼影与裸色双唇产生奇妙的化学效应，
用亮丽的艳粉色与带有金属感的焦糖色组成春日中一道独特的风景线。

□ 为了使眼妆色彩更漂亮，底妆要讲究洁净，清透的蜜粉不可少，眼周使用遮瑕产品，使眼部轮廓更清晰。

□ 在黑色眼线上方叠加一层拉长并上扬的亮粉色眼线，然后用眼影刷将粉色眼线上方轻轻晕染开是重点。

□ 在选择眼影产品时，要选择带有珠光感的眼影粉，为妆容带来真正的金属感摇滚妆质感。

将亮粉色眼线晕染开

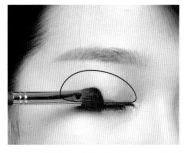

1　用眼影刷蘸取带有淡淡珠光感的米色眼影较大范围地涂抹在整个眼睑进行打底。

淡淡珠光感米色眼影

2　用黑色眼线笔沿着睫毛根部从眼角开始向眼尾勾勒上眼线，眼尾处稍稍向后延长，并将眼线下方与眼尾形成的空白部分填满。

铅笔式黑色眼线笔

3　用眼影棒蘸取适量的珠光感焦糖色眼影，均匀地涂抹在上眼睑的前半部分，从眼角开始向眼部中央涂抹。

珠光感焦糖色眼影

4　用亮粉色眼线笔从上眼睑的中央开始，沿着画好的黑色眼线上方向眼尾勾勒线条，眼尾处拉长并上扬。

亮粉色眼线笔

5　用眼影刷将刚刚画好的粉色眼线晕染开，用刷头在线条的上端向着眉尾方向轻轻滑动，注意不要将线条感破坏掉。

晕染眼影刷

6　与上眼尾相同，先用亮粉色眼线笔在下眼睑的眼尾部位画出线条，然后用眼影刷将线条轻轻晕染开，面积不要过大。

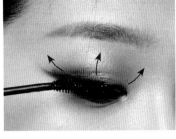

浓密型防水黑色睫毛膏

7 用眼影刷将珠光感焦糖色眼影从下眼角开始窄幅地向眼尾方向涂抹，与粉色眼线自然地融合，打造出闪亮的眼妆效果。

珠光感焦糖色眼影

8 用睫毛夹将睫毛夹卷翘后，用浓密型睫毛膏仔细地刷涂上睫毛，使眼部看起来更加立体。

将自身唇色遮盖住，不仅可以修饰黯沉唇色，平滑细纹，还可以使后续唇膏显色更加漂亮。

\KEYS!/

双色腮红盘（橘色/粉色）

将眼妆完美衬托出来

9 将橘色与粉色腮红稍稍进行混合，用腮红刷蘸取后，从颧骨下方开始向斜上方呈线性刷涂。想要可爱的感觉可以多加入粉色。

10 用手指蘸取唇部遮瑕膏，轻轻拍按整个唇部，遮盖住自身唇色与唇线。

11 用唇刷蘸取裸色唇膏，从嘴角开始向内侧涂抹双唇。

裸色唇膏

12 用手指轻轻拍按唇部，去除唇膏中的油脂，打造出亚光感的裸色双唇。

Chapter 3

夏之
美妆术

在油脂和汗水的疯狂攻击下，

精心打造的妆容不到一小时就花了，

出门前就没有了想要打扮的心情。

但这是一个等待许久的度假黄金季，

穿起美丽清凉的夏装，

在妆面上使用大胆的色彩，

让你更加自信满满。

Summer
Makeup

利用淡淡的珠光感提升妆容的清爽感

清新的裸感夏季妆容

在夏天，浓重的妆感既无法持久保持，又会给人闷热的感觉，
将妆感降到最低，利用淡淡的珠光感营造出妆容的灵动感，
淡淡的粉色脸颊，草莓牛奶般甜美的双唇，打造出清新的夏季美妆。

Before

□ 无论是粉底液还是粉饼，都要用粉刷顺着同一个方向涂抹，在遮盖瑕疵的同时呈现光滑的质感。

□ 将珠光感米色眼影淡淡地晕染在上下眼睑，并将金棕色点涂在眼角，利用阴影感收紧眼部轮廓。

□ 黑色的眼线可以使眼部轮廓更加明显，如果想要更加柔和的感觉，可以选择棕色眼线笔。

用珠光感提亮眼睑

1 选择与发色颜色相近的眉笔，顺着眉毛的生长方向画出一根根线条，将眉毛间的空隙填满，并用眉粉轻扫，营造柔和眉妆。

铅笔式自然棕色眉笔

2 用大号眼影刷蘸取适量含有珠光粒子的米色眼影，较大范围地分别晕染在上眼睑，薄薄地刷涂1～2次即可。

珠光感米色眼影

3 选择较小号的扁头眼影刷，将与上一步相同的珠光米色眼影沿着下睫毛根部窄幅地涂抹在整个下眼睑，同样不要涂得过厚。

4 用小号眼影刷蘸取适量含有珠光粒子的金棕色眼影，浅浅地涂抹在双眼皮褶皱处，注意要薄薄地刷涂，颜色不要过深。

珠光感金棕色眼影

5 不用再蘸取眼影粉，用上一步使用的眼影刷，将刷头上余下的眼影粉轻轻地扫在下眼睑的眼尾部分，提升眼妆的层次感。

6 用指腹蘸取适量的珠光感香槟色眼影，轻轻地点在上眼睑的中央部分，可以在提亮眼妆的同时使妆容更具立体质感。

珠光感香槟色眼影

7 将上眼睑眼皮轻轻提起，用黑色眼线笔从眼角开始向眼尾描画内眼线，填补上眼睑黏膜部位。

8 用睫毛夹将上睫毛夹卷翘后，选择轻盈的防水型睫毛膏，用刷头轻轻地刷涂上睫毛。

9 然后用睫毛膏刷头的顶端，仔细地刷涂下睫毛，与上睫毛一样刷出根根分明的感觉。

想要看起来更加清爽柔和的妆感，可以用棕色眼线笔描绘眼线。

\ KEYS! /

如草莓牛奶般的可爱粉

8 亚光感婴儿粉色腮红

10 用腮红刷蘸取粉色腮红，在手背上扫掉多余的粉末后，将腮红呈圆形扫在颧骨部位，用刷头从内向外画圈般地刷涂。

淡粉色唇膏

11 先用唇部遮瑕膏将自身唇色遮盖住后，用唇刷将淡粉色唇膏从嘴唇内侧开始向外侧涂抹，颜色越来越浅，打造出渐变感。

12 然后将透明唇彩涂满整个双唇，使嘴唇看起来更加丰润透亮。

抑制油脂的亚光底妆

对于容易出油的肌肤或容易脱妆的潮湿天气，
具有良好遮盖能力的亚光底妆是最佳选择，
亚光底妆的特点在于柔雾质感，尽量不要选择油分多、带珠光粒子
的产品，最后用散粉定妆，打造内水润、外柔滑的肌肤。

利用深、浅粉底凸显脸部轮廓

◎在不同的区域分别涂抹含粉量高的亮色粉底与较暗色的
粉底，通过深浅变化营造出立体感与紧致感。
◎用粉刷涂抹粉底时一定要向同一个方向涂抹，否则不但
会破坏粉底效果，控制不好用量时，还会使肌肤干燥。

Makeup Skills ◢

1.将妆前底乳用手指点涂在脸部，从内向外均匀地涂开。

2.用手指将适量的遮瑕膏均匀地涂在眼部下方，将黑眼圈遮盖住，并在鼻翼两侧毛孔粗大的地方轻轻推抹。

3.选择粉含量高的亮色粉底，用粉底刷均匀地涂在脸颊内侧、T字区、额头及下颌、下巴部分。

4.然后用较暗色的粉底，涂抹在脸部内侧、脸部轮廓处与鼻梁侧面。

5.用粉刷在亮色粉底与暗色粉底交界处轻轻地扫几下，从而使粉底的颜色自然过渡。

6.最后用散粉刷蘸取适量粉饼，在脸上轻轻刷一遍，定妆的同时使皮肤更加光滑。

Before

轻轻落在眼眸上的薄荷绿色小精灵

夏日中的亮丽风景线 ▼

在闷热的夏天，薄荷绿色就如冰块儿给人清凉的感觉，
比起大面积的晕染，将化成的眼线轻轻地晕染开，更可以将薄荷绿的特点
展现出来，搭配粉扑扑的脸颊与嘴唇，就像可爱的精灵一样惹人喜爱。

□ 用质地轻盈的粉底液涂抹出轻薄的底妆，较为明显的瑕疵用遮瑕霜轻轻遮盖。

□ 用薄荷色眼线笔勾勒出眼尾上挑的上眼线，并轻轻地晕染出眼影效果，与亮丽的橘色双唇完美结合。

□ 选择质地浓密、显色佳的膏状眼线笔勾勒薄荷绿色眼线，晕染时选择刷头窄且圆，刷毛短的晕染眼影刷进行晕染，更加容易控制。

将薄荷绿眼线晕染出眼影效果

1　用眼影刷蘸取带有淡淡珠光感的米色眼影较大面积地涂抹在上眼睑，从眼角开始向眼尾薄薄地刷涂1～2下即可。

2　然后用眼影刷将同样的珠光感米色眼影涂抹在整个下眼睑，从眼尾开始向前薄薄地刷涂1～2下即可。

3　用薄荷绿色眼线笔沿着上睫毛的根部，从眼角开始向眼尾勾勒出有一定宽度的上眼线，在眼尾处稍稍拉长并向上挑起。

珠光感米色眼影

薄荷绿色眼线笔

4　用晕染眼影刷轻轻晕染薄荷色眼线的上端，留出眼尾，将颜色晕染在双眼皮的褶皱部分，要小范围地来回移动刷头进行晕染。

5　用黑色眼线液将上睫毛之间的间隙填满，勾勒出自然的内眼线，用黑色的内眼线使眼部线条看起来更加明显。

6　将上睫毛夹卷后，用防水性睫毛膏仔细地刷涂上睫毛，在根部呈"Z"字形涂抹，使睫毛看起来更加茂密，提升眼部立体感。

黑色液体眼线笔/眼线液

7 竖起睫毛膏刷头，用睫毛膏刷头的尖端轻轻刷涂下睫毛，涂出根根分明的效果。

8 用提亮刷蘸取珠光感象牙白色眼影，从下眼角开始涂抹，将眼影涂在下眼角与卧蚕部分，提亮眼眸，使妆容更加可爱闪亮。

 珠光感象牙白色眼影

呈直线勾勒眉毛的外部轮廓，使整体呈现出粗粗的形态，使用并不夸张的灰棕色眉笔，打造出可爱善良的一字形童颜双眉，营造出利索、优雅的妆容印象。

\ KEYS! /

9 然后将珠光感象牙白色眼影点涂在上眼睑的中央部分与眉峰下方，同样起到提亮的作用，使眼部看起来更加立体。

🎨 鲜艳的橘色双唇 ◢

唇部专用遮瑕蜜 无珠光感橘色唇膏

10 用腮红刷将无珠光感的橘色腮红涂抹在微笑时颧骨的最高处，转动刷头，如画圈般地涂抹出可爱的圆形腮红。

11 用手指蘸取唇部遮瑕膏，轻轻地点涂在唇部，遮盖住自身的唇色，使后续唇膏的颜色显色更加漂亮。

12 用唇刷将橘色唇膏仔细地涂抹在整个唇部，从嘴角开始向内涂抹，避免膏体堆积在嘴角。

利用染眉膏淡化眉色

浓黑的眉毛与明亮发色形成对比，会显得非常不协调，染眉膏细腻的膏状质地可以很好地附着在每根眉毛上，从而打造出明亮的眉色，提升与发色的协调感，逆向、顺向交替刷涂使眉毛的颜色更加均匀、饱满。

双向分段调整眉毛色调

◎眉尾向下掉或眉形乱的人，可蘸取一点睫毛胶或双眼皮胶，涂在眉尾上，或用螺旋眉刷将眉毛向上顶住固定。

◎将眉毛分为眉峰→眉头，眉峰→眉尾进行刷涂，用染眉膏固定眉形的同时提亮眉色，提升整体的协调感。

Makeup Skills

1.用浅色眉笔将整体眉毛的轮廓线描画出来后，一根根地细细填补毛发间的空隙。

2.用染眉膏逆向刷涂眉峰至眉头部分的眉毛，小距离地移动刷头，从眉毛根部均匀涂抹染眉膏。

3.用染眉膏刷头从眉头开始，顺着眉毛生长走向仔细刷涂至眉峰，不要涂抹到眉毛根部，在表面上轻刷。

4.用刷头前端刷涂眉峰至眉尾的眉毛，先逆向刷涂眉毛根部，再顺向刷涂眉毛表面。

5.将溢出眉周多余的染眉膏膏体用棉棒仔细轻拭干净。

以下眼睑为重点，演绎出精灵般的灵动

蓝色的纯净灵动质感

Before

将蓝色眼影涂抹在下眼睑，用纯净清爽的眼眸散发可爱的魅力，
上眼睑简单地用棕色点缀，塑造根根分明的纤长睫毛，
用珠光白色呈现灵动的妆感，打造出最适合外出春游的萌萌妆容。

□ 为了使蓝色眼影的显色更加漂亮，眼周部分的肌肤状态则极其重要，利用遮瑕笔将眼周黯沉完美遮盖住。

□ 在下眼睑添加带有珠光感的紫色眼线，与蓝色相互融合，可以展现出与众不同的独特感觉，也可以减弱蓝色给人的冷感。

□ 在选择蓝色眼影时选择含有珠光粒子的眼影产品，为妆容带来更加灵动的感觉。

将蓝色眼影晕染在眼底

1　用眼影刷将带有淡淡珠光感的米色眼影涂抹在整个上眼睑打底，从眼角开始向眼尾涂抹。

2　用眼影刷将浅棕色眼影沿着睫毛根部较窄幅地进行涂抹，分别从眼睛两侧开始向中间涂抹，颜色不要太深。

3　用眼影刷将蓝色眼影涂在下眼睑，沿着睫毛根部从下眼角开始向眼尾涂抹，不要涂得太宽。

 淡淡珠光感米色眼影

 淡淡珠光感自然棕色眼影

 蓝色系五色眼影盘

4　用眼影刷将珠光感白色眼影加入在下眼角部分，可以使蓝色眼影看起来更加自然。

5　然后用扁头眼影刷将珠光感白色眼影涂抹在下眼睑的黏膜部位，使眼妆看起来更加灵动。

6　将上睫毛夹卷后，用纤长型睫毛膏仔细地涂抹上睫毛，如果想要更加干净的妆面，可以不涂下睫毛。

 珠光感白色眼影

 防水纤长型睫毛膏

正确的眉形使表情更加生动自然

选择适合脸型的眉形

圆脸

脸型特点：　　　圆脸会给人一种可爱的印象，但是脸部的轮廓线过圆，五官会显得较为平淡，并且使人看起来显胖。

适合眉形：　　　圆形脸的眉毛重点在于眉峰，在眉峰处塑造棱角，眉尾自然地收细，收敛脸型的同时提升脸部的立体感。

圆形脸型要避免短粗的眉形或过于高挑的细眉，要掌握好眉毛的粗细。

\ KEYS! /

长脸

脸型特点：　　　长形脸型横向距离较小，面部缺少圆润感，需要给轮廓增加一些宽向感。

适合眉形：　　　直线形的一字眉可以在视觉上增加脸部宽度，再加一点自然柔和的弧度，可以从视觉上缩短脸部的长度。

画眉时不要将眉毛画得过细，并且要掌握好眉尾的位置，眉尾的倾斜角度过大会显得一脸哭相。

\ KEYS! /

方脸

脸型特点：方形脸型的额头与下巴较宽，会给人一种强势的感觉。

适合眉形：弧度自然的拱形眉可以弱化脸型所带来的棱角感，使表情显得柔和，不要画得过细，浅眉色更可以营造温柔的感觉。

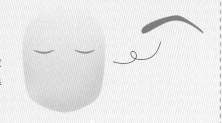

方脸虽然适合平缓型的眉毛，但是要注意不要画得过于平直，这样反而会显得脸型棱角更加分明。

\ KEYS! /

圆脸

脸型特点：呈菱形的倒三角脸型的颧骨较宽，额头与下巴较窄，脸部轮廓生硬，会给人留下刻板的印象。

适合眉形：为了增添温柔的女人味与亲和力，选择棱角柔和平滑、较为纤细的弯眉，眉峰略微往内侧移动，修饰较宽的颧骨。

倒三角脸一定要避免弧度较大的眉形，眉峰的弧度要柔和。

\ KEYS! /

瓜子脸

瓜子脸基本上适合所有的眉形，可以根据不同风格的妆容进行改变，其中眉峰略有弧度的弯眉最为百搭。

Before

利用明朗的黄色提升好感度

清爽的夏日约会妆

明朗的黄色无疑是属于夏天的颜色，干净整洁的妆面是重点，
在上眼睑加入明显的黄色眼影，用纤细的黑色眼线抓住眼部轮廓感，
然后在脸颊与嘴唇上加入橘色与珊瑚色，令妆容看起来更具好感度。

78　　|　Chapter3　　夏之美妆术

FOUNDATION	MAKE UP	COSMETICS
□ 粉底轻薄的同时脸上的黯沉瑕疵相应会很明显，将质地轻薄的遮瑕液点涂在眼部下方，遮盖黑眼圈与斑点。	□ 将黄色眼影明显地晕染在上眼睑，用纤细眼线提升眼部轮廓感，搭配水润的桃色双唇令人更加喜爱。	□ 比起生硬的眼线液，选择柔和的眼线笔勾勒上眼线，与明亮的黄色完美搭配。

👁 将黄色淡淡晕染在上眼睑 ◢

1 用眼影刷将带有珠光感的象牙白色眼影轻轻地晕染在整个上眼睑进行打底，提亮整个眼眸。

 珠光感象牙白色眼影

2 用眼影刷将带有淡淡珠光感的黄色眼影沿着睫毛根部晕染在上眼睑双眼皮的褶皱部分。

 淡淡珠光感金黄色眼影

3 用眼影刷在靠近眉头下方的上眼皮涂抹带有淡淡珠光感的米色眼影，平衡眼妆的色调，米色与黄色要自然地融合在一起。

 珠光感米色眼影

4 然后用眼影刷在下眼睑的卧蚕部分涂抹带有淡淡珠光感的米色眼影。

5 用黑色眼影笔沿着上睫毛根部从眼角开始向眼尾方向勾勒出纤细的上眼线，空白的黏膜部位也要用眼线笔填满。

6 眼尾部分的眼线微微上扬，沿眼尾边缘的弧度微微上扬3mm左右，上扬的角度不要距离眼尾太远，打造出俏皮印象。

铅笔式黑色眼线笔

7　用眼线笔仔细地填补上眼睑的黏膜部位，内眼角的黏膜部位也要画，使眼部轮廓更加清晰。

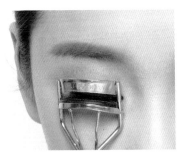

8　将视线向下看，用睫毛夹从睫毛根部夹起睫毛，将睫毛全部夹卷，然后分别靠近眼角与眼尾的细小睫毛，将其夹卷。

因为眼影颜色较浅，并带有珠光感，眼睛可能看起来显得有些肿，在眉头下方柔和地加入无珠光感的棕色眼影，提升眼部的深邃感，颜色不要太深。

\KEYS!/

9　然后用睫毛膏仔细地刷涂上睫毛，如果想让妆容看起来更加清爽，可以不刷下睫毛。

10　用与自身眉色相近的眉笔勾勒眉毛，眉头部分的颜色要浅，整体眉毛的弧度不要过大。

明亮感腮红与唇妆

淡淡珠光感桃色腮红

珊瑚色唇膏

11　用腮红刷在脸颊的颧骨部位呈心形涂抹桃色腮红，多涂抹几次，明亮的腮红可以提升妆容的好感度。

12　用唇刷将珊瑚色唇膏仔细地涂抹在整个唇部，然后重复涂抹透明唇彩，使唇部更具丰润感与光泽感。

用眼线修饰内双眼皮

内双眼皮的眼睛通常显得眼睛既水肿又小，
应该如何利用眼线使眼部轮廓更加清晰呢？
由于眼部的幅度较小，描画眼线的关键是不要涂至双眼皮部分，
否则会使本来可以看到的双眼皮被遮盖，从而显不出放大效果。

强调轮廓的纤细眼线

◎只描画眼睛中部至眼尾一段的眼线，借助棉棒的修饰并提升眼线的自然感。

◎内双眼皮的褶皱较窄，描画时应空出眼角一段，眼尾略微向下描画，可以使眼部看上去更加柔美。

Makeup Skills

1.上眼线只描画黑眼球中部至眼尾部分。沿睫毛根部小幅度地左右移动笔头，以埋入的方式填补睫毛间隙。

2.描画眼线之后，用棉棒轻抹眼线的上部，去除过重或描得过粗的眼线部分，使眼线显得更加精致。

3.黑眼珠正下方是下眼线的位置，描画范围比黑眼球的宽度略大一些。细碎地移动笔尖填补睫毛间隙。

4.用棉棒沿描画好的下眼线轻抹，这样可以使睫毛间隙的着色看上去更重一些，自然呈现出醒目效果。

5.用闪亮眼线液沿睫毛根部轻轻点涂下眼睑，添加闪亮效果。

6.然后用白色眼线笔沿着下眼睑的黏膜部位描画，加宽眼形。

Summer Makeup 5

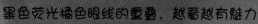

黑色荧光橘色眼线的重叠，越看越有魅力

健康爽快的荧光橘

Before

在清爽的夏天总是缺少不了亮丽的色彩，荧光橘色是一个不错的选择，
比起普通的眼影，将荧光橘色作为眼线重叠在基础眼线上，
用轻轻的阴影色眼影提升眼妆的深邃感，令人眼前一亮。

□ 用具有修饰肤色功效的隔离霜搭配遮瑕蜜与蜜粉，在打造轻薄透明立体妆感的同时呈现出洁净透亮的肌肤。

□ 在基础眼线上勾勒粗粗的橘色眼线，分别在眼角与眼尾点涂棕色眼影，增加眼部的阴影感。

□ 在容易出汗、出油的夏天，应该选择防水并且持久力较长的产品。

重复勾勒荧光橘色眼线

1 用眼影刷将带有珠光感的象牙白色眼影较大范围地晕染在整个上眼睑进行打底，轻轻地晕染1～2次即可，提亮眼睑。

珠光感象牙白色眼影

2 用黑色眼线液沿着上睫毛根部从眼角开始向眼尾方向勾勒纤细的上眼线，在眼尾部位拉长并微微上扬。

黑色液体眼线笔/眼线液

3 用荧光橘色眼线笔在基础眼线上重复勾勒，从眼角开始向眼尾描画出有一定粗度的眼线，眼尾部位同样拉长并上扬。

4 用晕染眼影刷将带有淡淡珠光感的棕色眼影轻轻地晕染在眼尾部位。

5 然后用眼影刷将同样的淡淡珠光感棕色眼影晕染在上眼睑的眼角部位，利用眼角与眼尾的阴影感提升眼部的立体感。

珠光感自然棕色眼影

6 用卜眼影刷将淡淡的棕色眼影从下眼角开始窄幅地向眼角方向，涂抹至眼睛的中央部位，涂抹范围越来越窄。

珠光感象牙白色眼影

黑色液体眼线笔/眼线液

7 用眼影刷将带有珠光感的象牙白色眼影从下眼角开始向眼尾方向涂抹，涂抹在下眼睑的卧蚕部位，提亮眼妆。

8 用黑色眼线液从下眼尾开始向眼角方向勾勒下眼睑的黏膜部位，用内眼线强调出眼部轮廓。

漂亮的渐变粉唇

亚光感珊瑚色腮红

9 用腮红刷蘸取适量的珊瑚色腮红，从微笑时颧骨的最高处开始向着太阳穴方向轻刷。

10 用手指蘸取唇部遮瑕膏，轻轻拍按唇部，吸除多余油脂的同时遮盖自身唇色，使后续唇膏更加漂亮。

亚光感粉红色唇膏

11 用唇刷从唇部中央开始涂抹粉色唇膏，越到唇部外侧颜色越浅，边缘部分不涂，呈现出渐变的效果。

12 将无色的透明唇彩涂在整个唇部，可以涂出唇线1mm左右，提升饱满度，涂抹的同时使渐变效果更加均匀漂亮。

结合自身脸型特点，弥补脸型不足

三种基本的修容分区

腮红区域

鼻翼横向的延长线与瞳孔正下方的垂直线的交点就是苹果肌的最高点，也是腮红的起始点，由此点向微笑时颧骨最凸起部位来回刷涂是腮红的基本刷法。

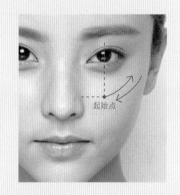

起始点

高光区域

包括眼下三角区及较凸出部位，在视觉集中的高光区加入亮色，提升透明度，强调立体感。

（①T区、②眼下三角区、③C区、④高光区）

阴影区域

加入阴影粉的起始位置，基本位于嘴角与太阳穴连线及颧骨下方凹陷处的交汇点，从这一点开始，向脸周及下颌自然延展开，修饰轮廓。

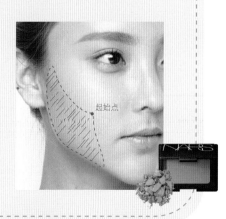

起始点

Before

适合海边与牛仔的可爱清纯妆容

与牛仔相搭的俏皮感

说起《牛仔裤的夏天》这部电影，总会被其中可爱俏皮的女主角所吸引，

用下垂眼线打造出基础的可爱双眸后，重复勾勒粉色的线条，

大胆地在脸颊上画上可爱的小星星，在海边成为众人搭讪的对象。

□ 用粉刷将粉底霜在额头、脸颊及下巴拉出三条线，利用线状涂抹法营造出清透的底妆效果。

□ 画出眼尾稍稍下垂的黑色眼线，打造出可爱的印象。在上眼睑与眼尾后方加入粉色、小星星等元素营造出俏皮感。

□ 因为要将眼线做出烟熏晕染的效果，所以描画眼线时选择质地柔软的眼线笔。夏天容易出汗，要选择防水持久的产品。

强调出可爱俏皮的印象

1　用眼影刷将不带有珠光感的米色眼影较大范围地涂抹在整个上眼睑进行打底，从眼角开始向眼尾方向轻轻地晕染1～2遍即可。

2　用黑色眼线笔从眼角开始向着眼尾方向仔细地勾勒上眼线，在眼尾部位拉长，并顺着眼部轮廓稍稍向下描画。

3　用黑色眼线笔从下眼睑中部开始向眼尾方向勾勒下眼线，与上眼线眼尾连接在一起，并将眼尾形成空白区域填满。

 珠光感米色眼影

 铅笔式黑色眼线笔

4　用黑色眼线笔分别将上下眼角空白的黏膜部位填满，如同开内眼角的效果一般，从视觉上拉长眼形。

5　用细长的眼影棒轻轻地晕染下眼睑眼尾部分的黑色眼线，用顶端轻轻地晕染出眼影效果，营造出微微的烟熏感。

6　用眼影棒将带有珠光感的象白色眼影呈圆形点涂在上眼睑的中央部位，提亮眼睑的同时使眼妆看起来更加通透立体。

珠光感象牙白色眼影

7 用提亮刷蘸取珠光感象牙白色眼影，从下眼角开始涂抹，将眼影涂在下眼角与卧蚕部分，提亮眼眸，使妆容更加可爱闪亮。

8 用荧光粉色眼线笔在画好的基础眼线上方细细地勾勒线条，从眼角开始向眼尾描画，在眼尾部分稍稍拉长。

9 用薄荷绿色眼线笔在眼尾稍后方的脸颊上画上一个小小的星星图案。

10 然后再用荧光粉色眼线笔分别在星星的两侧画出两个小点，营造出俏皮的感觉。

可爱的心形粉色腮红

无珠光感亮粉色腮红

亮粉色唇膏

11 用腮红刷蘸取适量的亮粉色腮红，在脸颊的中央部位呈心形涂抹，呈现出可爱双颊。

12 用手指将唇部遮瑕膏轻轻地点涂在唇上，遮盖住自身唇色，然后再用指腹在嘴唇的内侧拍打粉色唇膏。

打造温柔
无辜大眼妆

眼尾上扬的丹凤眼会给人一种冷酷、犀利的印象，
下垂眼线是最好的解救方式，自然的下垂感是描画眼线的重点，
强调上眼线的前半部分与下眼线的后半部分，
缓和过于犀利的印象，眼线笔是最佳的选择。

用下垂眼线营造柔和印象

◎将眼尾部位的眼线向下描画，将下眼睑后部的黏膜部位
进行留白。

◎眼角部分的上眼线稍微厚一些，越往眼尾处越细。上眼
线不要画得过粗，眼尾处可适当拉长。

Makeup Skills

1.将黑色眼线笔紧贴于睫毛根部，从
眼角开始描画至黑眼球的中部，可以
描画得稍稍厚重些。

2.用眼线笔从黑眼球中部开始，向眼
尾继续描画眼线，描画时稍稍离开睫
毛根部一些。

3.描画眼尾时，沿眼睛线条顺势将眼
线向下画，使尾部自然下垂。

4.将下眼睑眼角的眼皮向下拉，用眼
线笔从眼角开始勾勒黏膜部位至下眼
睑中部。

5.下眼睑后部黏膜部位不要描画，接
着刚画的内眼线沿着睫毛根部描画至
眼尾。

6.用棉棒将下眼线尾部的眼线向眼角
自然晕染开，将上下眼尾的眼线自然
地连上。

Before

在聚会中散发多种魅力，惹人喜爱

可爱妩媚的双重魅力

上扬的眼线总会给人一种妩媚，又加一点点性感，

在下眼睑厚厚地涂上一层淡粉色眼影，就又多加了一点点可爱，

在容易出汗的夏天，一定要选择防水的产品，也让自己的魅力更加持久。

FOUNDATION	MAKE UP	COSMETICS
□ 由于眼线较粗重，底妆要讲究洁净，清透的蜜粉不可少，眼周使用遮瑕产品，使眼线的轮廓更清晰。	□ 画出眼尾上挑的存在感眼线，将淡粉色眼影分别晕染在上下眼睑，下眼睑卧蚕部位的淡粉色要涂厚一些。	□ 这个妆容的眼线较粗，而且夏天容易出汗、出油，所以在选择眼线产品时一定要选择防水持久的产品。

🖌️将淡粉色厚涂在卧蚕部位

1　用眼影刷将带有淡淡珠光感的米色眼影从眼角开始向眼尾方向大面积地涂抹在整个上眼睑进行打底，轻轻地涂抹1～2次即可。

 珠光感米色眼影

2　用眼影刷将带有淡淡的粉色眼影窄幅地晕染在上眼睑的双眼皮褶皱部分，从眼角开始轻轻地向眼尾方向涂抹。

 珠光感淡粉色眼影

3　用黑色眼线液沿着上睫毛根部从眼角开始向眼尾方向仔细地勾勒出有一定粗度的上眼线，空白的黏膜部位也要填满。

4　勾勒上眼线时，在眼尾部位长长地拉出上扬的线条。

5　从下眼睑中部开始向眼尾勾勒下眼线，与上眼线的眼尾部分连接起来，并将空出的眼尾的三角区仔细地填满。

黑色液体眼线笔/眼线液

6　用下眼影将如草莓牛奶般的粉色眼影涂抹在整个下眼睑上，从眼角开始厚厚地向眼尾方向将眼影涂抹在卧蚕部位。

珠光感象牙白色眼影

7 　用眼影刷将带有珠光感的象牙白色眼影重复地涂抹在下眼睑部位，利用点涂手法轻轻地点涂在睫毛根部，提亮眼眸。

8 　然后用眼影刷将珠光感象牙白色眼影轻轻地点涂在内眼角，提亮的同时从视觉上拉长眼形。

光泽感腮红与粉唇

9 　用腮红刷将粉色腮红刷涂在略高于颧骨的位置上，以包裹住颧骨的方式横向扫上腮红。

10 　然后接着用腮红刷将与腮红同色调的浅粉色高光粉，以打圈的手法重叠刷在脸颊上，使平淡的脸部轮廓变得凹凸有致。

11 　用唇部遮瑕膏将自身唇色遮盖住之后，用唇刷将淡粉色唇膏从嘴唇内侧开始向外侧涂抹，颜色越来越淡，营造渐变感。

12 　将透明唇彩轻轻地重复涂抹在整个唇部，使唇妆看起来更加水润饱满。

挑起眼尾
加重犀利感 ◢

上扬眼线比较适合丹凤眼和杏眼的眼形，
眼尾上扬的角度是描画眼线的重点。
先将所要描画的角度做好记号，加粗的上扬眼尾打造充满
魅力的双眸，集魅惑与女性的优雅为一体。

用上扬眼线散发妩媚气息

◎上扬位置不要离眼睛太远，平视前方，在眼尾呈45度角
的位置做记号，弧度就是眼尾上扬位置。

◎眼角部分的上眼线稍微厚一些，越往眼尾处越细。上眼
线不要画得过粗，眼尾处可适当拉长。

Makeup Skills ◢

1. 用黑色眼线液先从眼部中间向眼角方向勾勒眼线，如果直接从眼角开始描画可能会使眼线变得过粗。

2. 然后从刚刚描画的部位开始向眼尾勾勒眼线，用黑色眼线液沿着睫毛根部描画眼线。

3. 用黑色眼线液从眼尾处开始将眼线拉长，将这部分眼线当作画下眼线的延长线描画。

4. 将眼线尾部到眼线中部间的眼线稍稍加粗，先将眼线尾部与眼线中间连接起来，然后将中间的空隙填满。

5. 最后用眼线液将上睫毛间隙的空白填满，因为眼线液中有一定的水分，所以黏膜部位用眼线笔填充。

Summer

Makeup 8

仅仅利用假睫毛改变你的印象

令人捉摸不透的神秘

Before

将深棕色眼影有重量地包裹在眼周，利用珠光感营造柔和质感，
使人联想到洋娃娃的梦幻妆容的重点在于假睫毛，
再加上粉扑扑的双颊与水润的双唇，有一点可爱，又有一点神秘。

□ 不要选择油分多、带珠光粒子的粉底产品，使用散粉定妆，打造出如婴儿般光滑的亚光质感。

□ 用深棕色眼影晕染出淡淡的烟熏感，在整个下眼睑一段一段地粘贴下假睫毛，打造如洋娃娃般的大眼。

□ 选择带有珠光感的眼影产品减弱烟熏妆带来的冷感。比起整幅的假睫毛，一段段地粘贴更容易控制。

浓密的上、下假睫毛

1 用眼影刷将带无珠光感的自然棕色眼影从眼角开始向眼尾方向较大范围地晕染在整个上眼睑，轻轻地涂抹1~2次即可。

无珠光感棕色眼影

2 将带有珠光感的深棕色眼影晕染在眼睛的下半部位，在双眼皮褶皱部位涂出明显的颜色，越往上颜色越浅，晕染出渐变感。

珠光感深棕色眼影

3 用眼影刷将步骤1中使用的亚光感自然棕色眼影较大范围地涂抹在整个下眼睑，颜色不要过深也不要过浅。

4 用眼影刷将带有珠光感的深棕色眼影沿着下睫毛根部窄幅地点涂在下眼睑上，在眼尾部位加深眼影颜色。

5 用黑色眼线液沿着上睫毛根部从眼角开始向眼尾方向勾勒出纤细的上眼线，并将空白的黏膜部位填满。

6 然后用眼线液沿着下睫毛根部勾勒出内眼线，填满空白的下眼睑黏膜部位。

黑色液体眼线笔/眼线液

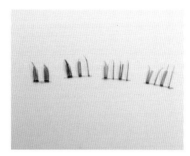

7　将自然的上假睫毛沿着睫毛根部粘贴之后，轻刷睫毛膏，使真、假睫毛看起来更加自然。

8　这次妆容的重点就在于浓密的下睫毛，用小剪刀如图片中一样将下假睫毛剪成一段一段的。

整幅纤长下假睫毛

9　将剪好的下假睫毛用小镊子在距离下睫毛一定距离的地方进行粘贴，从眼尾开始粘贴。

10　将一段一段的假睫毛根据自身的眼形从眼尾开始一直粘贴至眼角。

🧴饱满的腮红与唇妆

无珠光感暖粉色腮红

11　用唇部遮瑕膏将自身唇色遮盖住之后，直接用粉色唇膏笔从嘴唇内侧开始涂抹，涂出渐变的效果。

12　用唇刷蘸取透明唇彩之后，轻轻地涂满整个唇部，打造出更加丰润饱满的唇妆。

13　用腮红刷将暖粉色腮红在微笑时颧骨的最高处开始向下移动刷头进行晕染，越往下腮红区域越窄，涂出倒三角形腮红。

正确地使用眼影刷完美征服眼妆

了解各类的眼影刷

膏状眼影刷 ◢

　　适合大范围地涂抹膏状质地的眼影。刷头宽且扁平，顶端有弧度，弹性好，涂抹起来很顺滑，适合涂抹用作打底色的眼影。

粉状眼影刷 ◢

　　能够将眼影粉自然、有层次地涂抹在眼睑上，越靠近根部刷毛越厚，可以轻松地混合眼影粉。有各种大小的刷头，用不同大小的眼影刷涂抹不同区域的眼影。

晕染刷 ◢

　　适合在双眼皮褶皱处涂抹重点色眼影。刷头窄且圆，刷毛短，容易控制力度，也适用于烟熏妆。

下眼睑刷 ◢

　　刷毛较窄、较短，刷毛短而结实，适合表现下眼影的珠光与色彩，也适用于展现眼影中的细节部位。

眼影棒 ◢

　　橡胶质地的眼影棒对眼影的抓附力较强，能将色彩发挥到极致，适合表现珠光或色感强的眼影。

Before

在淡妆中脱颖而出，将所有视线聚于一身

透明水晶中的红宝石

红色的唇妆给人一种强烈的刺激感，画得适当可以将肤色衬托得更亮，

为了将重点放在唇妆，眼妆要比平时简单一些，但也不能过淡，

保持整体妆容的均衡感，展现散发高贵气质的魅力妆容。

FOUNDATION

□ 想让红色唇妆更加出彩，洁净透明的底妆是重点。将脸部细小的瑕疵隐藏起来，使肌肤散发隐隐光泽。

MAKE UP

□ 利用白色眼影打造出适合红色唇妆的冷色调妆容，用浅浅的棕色眼影与利索的眼线强调出眼部轮廓。

COSMETICS

□ 选择带有珠光感的眼影产品，使眼妆看起来更加透明洁净。使用水润感红色唇膏使双唇看起来更加丰润。

强调出干净剔透的眼妆

1　用眼影刷将带有淡淡珠光感的奶白色眼影大面积地涂抹在整个上眼睑，涂抹至眉毛下方。

珠光感象牙白色眼影

2　用眼影刷将亚光感棕色眼影从眉头下方开始涂抹至眼角，用力要轻，不要涂出明显痕迹。

无珠光感棕色眼影

3　然后再将带有淡淡珠光感的米色眼影较宽幅地涂抹在整个下眼睑打底，宽度为8mm左右即可，颜色不要太浓。

珠光感米色眼影

4　用白色眼线笔填满下眼睑的黏膜部位，颜色不要过于饱满，涂出透明度为40%的颜色即可。

珠光感白色眼线笔

5　用眼影刷蘸取带有淡淡珠光感的棕色眼影，轻轻地涂抹在下眼睑的睫毛根部，从眼尾开始涂到中间部位。

淡淡珠光感巧克力色眼影

6　用黑色眼线液沿着睫毛根部，从眼角开始向眼尾勾勒出纤细的上眼线，眼尾部位不用过分地上扬，空白的睫毛间隙也要填满。

黑色液体眼线笔/眼线液

浓密纤长黑色睫毛膏

7 用睫毛夹将睫毛夹卷翘之后，用睫毛膏仔细地刷涂上睫毛，下睫毛不用刷涂。

迷人的鲜艳红唇

水润感大红色唇膏

8 用海绵块将唇部遮瑕膏薄薄地涂在整个唇部，吸除多余油脂的同时遮盖自身唇色。

9 用唇刷充分蘸取红色唇膏，微微张开双唇后仔细地勾勒唇线，可以防止唇膏晕染。

10 用唇刷从嘴角处开始向内侧刷涂红色唇膏，将整个唇部涂满，嘴角处要仔细涂抹。

11 用海绵块将少量透明散粉轻轻地按压唇部，将唇膏上的多余油脂吸除，不要过于用力。

12 在唇部上再一次涂抹红色唇膏，可以选择颜色更加鲜艳的唇膏，在上一步扑上的散粉上涂抹可以提升唇妆的持久性。

13 用遮瑕刷将遮瑕霜涂抹在唇线外侧，将涂出唇线的唇膏遮盖住，使唇形更加漂亮，遮瑕霜的用量不要过多。

Chapter 4

秋之美妆术

随着凉爽的秋天的到来,
立体感成为秋季妆容的重点,
当棕色重新成为眼妆的主色调,
利用颜色的变化与层次的层叠,
展现出独具女性魅力的深邃眼眸,
让寂寞的秋天不复存在,
发掘出都市女性的风韵魅力。

Autumn Makeup

Before

适合彩妆初学者的简单阴影妆容

适合初秋的东方妆容

仅仅利用阴影感就可以制造出优雅的初秋温柔氛围，
将阴影色眼影重复涂抹，并用柔和的珠光感进行提亮，手法极其简单，
最后用鲜艳的双唇色彩为妆容带来亮点，用橘色打造出东方味道。

□ 涂粉底前用珠光底乳与高光粉为底妆添加光泽度，涂抹粉底时使用粉底刷，搭配从内向外的涂抹手法。

□ 通过眼影的重叠涂抹，简单地为眼部带来阴影感，因为眼妆的简洁，在唇妆上提升色彩感，完成既不夸张又不平淡的时尚妆容。

□ 在选择棕色眼影产品时不要选择带有珠光感的产品，因为要晕染出阴影的感觉，亚光产品是最好的选择。

重叠涂抹阴影色眼影

1 用扁平的大号眼影刷蘸取含有珠光粒子的米色眼影，从眼角开始向眼尾大范围地涂抹整个上眼睑，轻轻涂抹1～2次即可。

2 用眼影刷将棕色眼影从睫毛根部开始涂抹至上眼睑一半的位置，轻轻地刷涂一遍即可。

3 然后用晕染眼影刷将步骤2中使用的棕色眼影重复涂抹在上眼睑的眼尾部位，加深颜色。

 珠光感杏米色眼影

 无珠光感自然棕色眼影

4 用眼影刷将带有淡淡珠光感的米色眼影从下眼角开始向眼尾较宽幅地刷涂下眼睑。

5 用修容刷蘸取适量的珠光感米色眼影或高光粉，刷涂在眉骨处，提升眼部的立体感。

6 用黑色眼线笔自然地勾勒出眼线，沿着睫毛的根部从眼角开始向眼尾描绘出纤细的线条，睫毛根部与黏膜之间的部位也要仔细填充，眼尾不要拉长。

 珠光感象牙白色眼影

 黑色液体眼线笔

铅笔式自然棕色眉笔

7 用睫毛夹将睫毛夹卷后，用睫毛膏轻刷几下睫毛即可，打造出干净的妆面。

8 毛发较为稀疏的部分用眉笔补足眉色，眉峰部位要用眉笔画得略粗一点，并保持平直曲线，眉峰的弧度不要过大。

用纤长型睫毛膏涂出根根分明的睫毛，进一步提升女人味。

\ KEYS! /

将亮点放在唇妆上 ◢

自然米色高光色

亚光感橘色唇膏

9 从眉心开始，将高光粉向鼻尖处轻刷，要一笔带过，避开鼻尖部分，使鼻梁处的提亮看起来更加自然。

10 在眼下三角区、嘴角、下颌处用修容刷薄薄地涂抹上一层高光粉，用刷头轻轻拍按，使光泽更加均匀自然。

11 先用唇部遮瑕膏遮盖自身唇色后，用唇刷将橘色唇膏涂在整个唇部，散发东方女人魅力。

12 将带有微微珠光感的珊瑚色腮红涂在颧骨处，用画圈的方式从眼尾靠近发际线的部位开始向斜下方轻刷几下。

光彩照人的丝绸底妆

如丝绸般光滑的底妆将亚光感与珠光感巧妙地结合起来，珠光产品不仅可以为脸部提升亮度，还可以利用光泽隐藏毛孔，过量地使用提亮产品会使皮肤变得干燥，妆容的持久力也会降低，为了缓解肌肤干燥，可以在打底时涂上一层精华液作为保护。

亚光感与光泽感兼并

◎用粉底刷涂抹可以营造轻薄效果，但是如果沿着脸部轮廓涂抹就会显得厚重，应该由内向外涂抹粉底。

◎粉饼或散粉除了起到定妆作用，还可以中和亮光产品所带来的过于油光的感觉，打造散发柔和光泽的通透底妆。

Makeup Skills ◢

1.用手指将适量的珠光底乳点在颧骨、鼻梁、额头、下巴部位，利用指腹温度，将妆前底乳均匀地涂开。

2.选择含粉量适中的粉底液，用粉底刷从内向外轻轻地边敲边涂抹。

3.较为明显的肌肤状况如黑眼圈，用遮瑕刷蘸取适量的遮瑕产品自然地进行覆盖。

4.用刷头饱满的大粉底刷将适量的粉饼或散粉轻轻地扫于全脸。

5.油脂较为旺盛的部位，如眼周、鼻翼两侧，用粉扑将少量散粉轻压，避免脱妆。

6.如果觉得底妆的光泽度不够，可以将少量的高光粉补在鼻梁处与眼尾的C字区，也可以提升立体感。

Autumn
Makeup 2

Before

变身为浓浓风韵的秋季女神

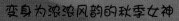 淡雅的柔美清纯妆

用带有淡淡珠光感的棕色轻轻晕染眼眸，
拉出细腻的眼线线条，并利用内眼线拉长眼形，提升女人味，
将珠光感棕色眼影点在眼底，营造出纯真的眼神，激起男生的保护本能。

106   er4   秋之美妆术

□ 无论是什么妆感的底妆，基础的肌肤状态都是非常重要的，在上底妆前，先用化妆水进行充分的补水。

□ 利用眼线将内眼角打开，缩短眼距的同时从视觉上拉长眼形，在眼线晕染深色眼影，使眼线更加自然。

□ 眼线产品选择既紧实又不过于生硬的眼线膏，眼影产品选择带有珠光感的产品，与亚光双唇交织出神秘感。

将眼影加涂在眼线上

1　用眼影刷蘸取带有淡淡珠光感的米色眼影，从眼角开始向眼尾轻轻地晕染整个上眼睑打底，薄薄地涂抹1～2遍即可。

2　然后将同样的珠光感米色眼影较宽幅地涂抹在整个下眼睑。

3　用小眼影刷将无珠光感的自然棕色眼影沿着上睫毛根部从眼角开始向着眼尾轻轻晕染在双眼皮褶皱部位，薄薄涂抹至显色即可。

珠光感米色眼影

无珠光感自然棕色眼影

4　用眼线刷蘸取黑色眼线膏沿着上睫毛根部，从眼角开始向眼尾仔细地勾勒出基础眼线，眼尾部位拉长并上扬。

5　然后用手指轻拉下眼皮，将黑色眼线膏用眼线刷沿着下睫毛根部轻轻地勾勒下眼线，将眼线膏涂在靠近睫毛根部的黏膜部位。

6　分别将上、下眼皮的内眼皮提拉起，将黑色眼线膏填补在空白的黏膜部位，做出开内眼角的效果，从视觉上拉长眼形。

黑色眼线膏

淡淡珠光感深棕色眼影

7 用晕染眼影将带有淡淡珠光感的深棕色眼影在画好的眼线上加涂一层，并呈现出自然层次，在眼睛后半部位加深并加宽。

8 然后用眼影刷将同样的深棕色眼影点涂在下眼角，并与上眼尾相连接。

9 用晕染眼影刷蘸取珠光感象牙色眼影，轻轻地涂抹在内眼角与卧蚕部位，提亮眼妆的同时使眼形更加开阔。

10 将自身睫毛夹卷后，用镊子将自然无梗型假睫毛从距离眼角2mm的位置开始粘贴在上睫毛根部，并用睫毛膏轻刷。

🎨 淡粉色调腮红与双唇

无珠光感婴儿粉色腮红

亚光感淡粉色唇膏

11 用腮红刷蘸取少量的淡粉色腮红，轻轻地晕染在颧骨部位，颜色不要太深，晕染出自然的血色感即可。

12 用遮瑕膏遮盖住自身唇色之后，用唇刷蘸取亚光感淡粉色唇膏，从嘴唇内侧开始向外侧涂抹，突出渐变感。

演绎童颜的钻石型高光

在额头、鼻梁与眼角下方加入高光，突出脸部上方的轮廓，饱满的额头、高挺的鼻梁，再加上从内侧开始散发光泽的两颊，同时提升了整体脸部的饱满度与立体感，瞬间减龄，如芭比般，呈现出绝对的童颜效果。

在钻石型区域内提亮

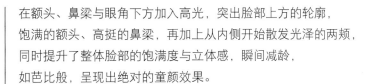

烤粉修容高光粉

锥形高光修容刷

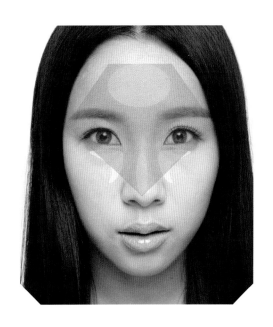

在额头、鼻梁和眼下三角区扫上高光粉，可以使视线的焦点移到脸部的相对中心的位置，从而弱化脸周轮廓，提升小脸印象。

＼ KEYS！／

Makeup Skills

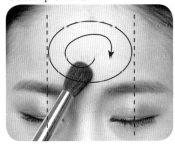

1.在两眼黑眼球中间的垂直延长线之间的额头处涂抹高光粉，一边画圈一边刷涂，呈现饱满的额头。

2.从眼尾与颧骨间的中央部分开始涂抹，来回移动刷头涂抹至黑眼球中央延长线与鼻尖延长线的交界处。

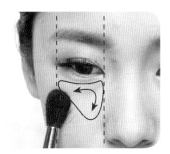

3.将高光粉涂在眼部下方，宽度不要超过眼角与眼尾，然后沿着脸部内侧将高光粉延展涂抹至鼻侧。

Autumn
Makeup ▸3

Before

适合每一个女生的"国民"日妆

淡雅的棕色日常妆

想要追赶时尚妆容，总觉得不适合自己；而想化淡妆又觉得过于乏味，
淡淡的眼线会给人一种温柔的感觉，在眼尾加入淡淡的棕色阴影，
将色彩的亮点放在唇部，利用深浅对比打造出独特的立体双唇。

FOUNDATION

□ 将水分含量高的粉底液与脸部精油混合后再涂抹。在选择底乳时，带有细微珠光粒子的产品可以快速营造出光泽肤质。

MAKE UP

□ 用暖暖的米色眼影打底，在眼角与眼尾点涂棕色眼影提升眼部立体感。利用浓淡粉色唇膏，打造出立体的独特唇妆。

COSMETICS

□ 柔和妆感是眼妆的重点，使用棕色眼线液，不仅可以避免生硬的线条感，还可以明显地呈现眼部轮廓。

勾勒柔和的棕色眼线

1 用眼影刷将带有淡淡的米色眼影从眼角开始向眼尾较大范围地涂抹在整个上眼睑进行打底，轻轻地晕染1~2遍即可。

 珠光感米色眼影

2 将带有淡淡珠光感的棕色眼影现在眼角部位轻轻地点涂，然后在眼尾部位涂抹，晕染出较为明显的颜色。

 淡淡珠光感棕色眼影

3 用眼影刷将步骤1中使用的淡淡珠光感米色眼影较宽幅地涂抹在整个下眼睑。

4 用小眼影刷将带有淡淡珠光感的棕色眼影轻轻地点涂在眼尾部位，利用阴影效果提升眼部轮廓的立体感。

5 用棕色眼线液沿着上睫毛根部从眼角开始向眼尾仔细地勾勒出纤细的上眼线，在眼尾部位拉长并稍稍上扬。

6 然后用棕色眼线液将空白的睫毛间隙与黏膜部位填满，使眼线看起来更加饱满完整。

棕色液体眼线笔/眼线液

梳子型刷头睫毛膏

7　用睫毛夹将睫毛夹卷后，用梳子型刷头的睫毛膏仔细地刷涂上睫毛，一根一根地刷出根根分明的感觉。

8　然后竖握睫毛膏刷头，用刷头的尖端轻轻地刷涂下睫毛。

层次感粉色唇妆

Autumn Makeup 3

亚光感荧光粉色唇膏

亚光感粉红色唇膏

9　用腮红刷蘸取粉色腮红，以颧骨为中心点，呈线性斜向来回移动刷头，将腮红轻轻地晕染在脸颊部位。

10　用手指将与自身肤色相近的唇部遮瑕膏点涂在唇部，将自身唇色遮盖住，使后续的唇膏颜色更加漂亮。

11　用唇刷蘸取无珠光感的荧光粉色唇膏，仔细地填满整个唇部，嘴角部位用刷头尖端仔细调整，避免膏体堆积。

12　用唇刷将比上一步使用的荧光粉色深一点的粉色唇膏横向涂抹在嘴唇内侧，使唇妆看起来更有层次感与立体感。

利用两种眼线产品丰富色彩与质感

用双色眼线减少单调

褐色眼线膏 ＊ 白色眼线笔

Makeup Skills

1.从眼角开始用褐色眼线膏描画出较粗的眼线。眼尾的眼线更粗一些，使眼睛更有魅力。

2.下眼尾到黑眼球之间的眼线用褐色眼线膏描画，眼线最好埋在睫毛的空隙处，然后在眼线上使用茶黄色眼影。

3.在下眼睑的黏膜处用珠光白色眼线笔描画到内侧，为了与褐色保持平衡，下眼睑的颜色以轻薄为好。

黑色眼线液 ＊ 闪亮眼线液

Makeup Skills

1.先用黑色眼线液沿睫毛根部勾勒出极细的眼线，使眼部轮廓更加突出。

2.待黑色眼线液干了之后，再用加入闪亮粒子的珠光眼线液重复勾勒在上眼睑睫毛根部。

3.闪亮眼线同时也要运用在下眼睑，沿下眼睑的黏膜处勾勒出内眼线即可。

 # Autumn
eup 4

散发金属光泽的自由棕色烟熏妆容

个性的冷感街头范儿

Before

将棕色眼影果敢地晕染在眼周，塑造出独具特色的棕色烟熏眼妆，
如同晕开了的眼尾是妆容的重点，但是要把握好眼影晕染的幅度，
冷傲的街头范儿与花了妆的熊猫眼只是一线之差。

FOUNDATION	MAKE UP	COSMETICS
□ 去除掉眼底的黯沉，整个妆容才会显得更加明亮，在眼部下方用修容刷一边左右移动刷头，一边加入带有淡淡珠光感的高光粉。	□ 将带有珠光感的棕色晕染大片地晕染在眼周，有层次地加叠眼影，打造出带有金属质感的烟熏效果。	□ 眼影产品中的珠光感要强烈才能体现出金属感，眼线要选择黑色眼线液，起到收紧轮廓的效果。

用棕色眼影大幅晕染眼周

1 用眼影刷将色彩度较低的棕色眼影从眉头的下方开始涂向眼角，要注意不要涂出明显的涂抹痕迹，轻涂1～2次即可。

 无珠光感浅棕色眼影

2 用眼影刷将珠光感浅棕色眼影较宽幅地涂抹在上眼睑，同样从眼角涂向眼尾，睁开眼时能看到3mm左右即可。

 珠光感自然棕色眼影

3 然后用眼影刷将珠光感深棕色眼影沿着睫毛根部窄幅地涂在双眼皮的褶皱部位，在眼尾处可以稍稍拉长并上扬。

 淡淡珠光感深棕色眼影

4 用眼影刷将步骤2中所使用的珠光感浅棕色眼影较窄幅地涂抹在整个下眼睑，从眼角开始涂向眼尾，涂出明显的颜色。

 珠光感自然棕色眼影

5 然后用眼影刷如画眼线般地将珠光感焦糖色眼影涂在下睫毛的根部，从下眼尾开始向前点涂。

珠光感焦糖色眼影

6 用眼影刷将带有淡淡珠光感的象牙白色眼影点涂在内眼角，起到提亮作用的同时使眼形看起来更加开阔。

淡淡珠光感象牙白色眼影

7　用黑色眼线液沿着睫毛根部从眼角开始向眼尾勾勒纤细的上眼线，眼线自然地在眼尾处结束。

8　然后用黑色眼线笔沿着下睫毛的根部从眼尾开始向眼角方向勾勒纤细的内眼线。

黑色液体眼线笔/眼线液

9　用浓密卷翘型睫毛膏仔细地刷涂上睫毛，在根部呈"Z"字形刷涂，使睫毛更加浓密。

10　竖握睫毛膏刷头，用刷头的尖端一根一根仔细地刷涂下睫毛，涂出根根分明的效果。

浓密卷翘睫毛膏

珊瑚色腮红与唇妆

珊瑚色唇膏

无珠光感珊瑚色腮红膏

11　用手指将无珠光感的珊瑚色腮红膏点在鼻梁中间的水平线与鼻尖水平线之间的脸颊部位，然后用指腹轻轻地晕开。

12　先用唇部遮瑕膏将自身的唇色遮盖住，然后用唇刷将珊瑚色唇膏仔细地涂抹在整个唇部，从嘴角开始向内侧涂抹。

倒三角区的提亮法

脸颊倒三角区是视觉的中心区域，
通过提亮使妆容更透明，肤质看上去也显得更加光滑细腻。
提亮前先将眼下的黯沉遮盖住，选择含有细微珠光，
与肌肤贴合度高的高光粉，带给妆容细腻而柔和的光泽。

遮瑕霜、粉底液与高光粉的搭配

◎先将眼部专用的遮瑕霜或具有调色功能的化妆底乳倒在手背上，用指腹边少量蘸取边涂抹是要点。

Makeup Skills ◢

1.用指腹从眼部下方开始，沿着眼部轮廓点涂遮瑕霜至鼻翼的倒三角区域，一边涂抹一边补充，避免将遮瑕霜涂抹得过于厚重。

2.用指腹沿着涂抹遮瑕霜的区域，边按压边将遮瑕霜晕开，涂抹范围不要过大，提升贴合度与遮瑕力。

3.用海绵块蘸取适量粉底液，轻轻按匀在眼下的遮瑕部位，将倒三角区的轮廓线晕染模糊，不要过于用力。

4.用高光刷蘸取高光粉，刷头两面都要充分蘸匀，横向使用刷子，从眼角下方的鼻梁侧面开始，沿眼下轮廓至黑眼球下方为止。

5.从眼角下方开始斜向滑动刷头，朝着脸颊方向扫开，扫至黑眼球下方，使高光向脸颊自然过渡，形成三角形高光区。

Autumn
Makeup 5

精心打扮，尽情享受夜店中的注目

Before

妩媚的浓情巧克力

眼线左加一点，右加一点，夸张不说，总是看起来怪怪的，

这时画上一条下眼线可以巧妙地找回眼妆的平衡，

还可以使夸张的眼线变得柔和，毫无顾忌地展现美丽与自信。

118　　| Chapter4　　秋之美妆术

FOUNDATION   MAKE UP   COSMETICS

□ 以在鼻梁、额头、颧骨等较为突出的部位加入珠光蜜粉，给予自然光泽，使脸部轮廓更明显。

□ 有层次地加入带有珠光感的棕色眼影，在眼尾分别画出两条眼线，使眼妆更平衡的同时营造妩媚氛围。

□ 描画眼线时选择眼线液可以使线条更加紧实，眼部轮廓更加明显，如果觉得妆容过于浓重，可以选择更为柔和的眼线笔。

用双眼线找回平衡感

1 用眼影刷将带有微微珠光感的棕色眼影较大范围地涂抹在上眼睑，眼尾部分涂宽一些。

2 然后用眼影刷将珠光感金色眼影从眼角开始沿着眼窝涂抹，涂抹到眼部中央部位。

3 然后用小眼影刷将步骤1中使用的棕色眼影或颜色更深一些的棕色眼影沿着上睫毛根部从眼角向眼尾涂抹在双眼皮褶皱部位。

 淡淡珠光感棕色眼影

 珠光感金色眼影

 深咖啡色眼影

4 用眼影刷将带有珠光感的白色眼影窄幅地涂抹在下眼睑的眼角部位与卧蚕部位，使整个眼妆更加明亮。

5 用眼影刷将带有微微珠光感的棕色眼影轻轻地点在下眼角的眼尾部分，突出重点。

6 用黑色眼线液沿着睫毛根部从眼角开始向眼尾勾勒上眼线，眼尾部分稍稍拉长并上扬。

 珠光感象牙白色眼影

 淡淡珠光感棕色眼影

黑色液体眼线笔/眼线液

7 用黑色眼线液从下眼角开始贴着黏膜部位勾勒细细的下眼线，将眼尾的三角形区域填满后稍稍向下拉出线条。

8 将睫毛夹卷后，从眼部中央开始粘贴眼尾拉长的局部上假睫毛，使眼眸看起来更加性感。

9 用睫毛膏刷涂上睫毛，使真、假睫毛自然融合，然后再用睫毛膏刷头的顶端轻轻刷涂下睫毛。

掌握不好眼线的形状，可以先用眼线膏勾勒眼线，再重新覆盖上眼线液，使其不会晕染开。眼线画得太粗会与烟熏妆混淆。

\ KEYS! /

修饰出立体紧致的轮廓 ◤

10 用腮红刷将无珠光感的珊瑚米色腮红涂抹在颧骨侧面，配合眼妆呈现成熟的感觉。

11 从眉头下方至眼角外侧的鼻梁部位刷上深色粉底，淡淡晕染一层即可，衬托出深邃眼窝，将阴影一直延伸到鼻梁两侧。

12 用修容刷从耳朵上方开始沿着脸部轮廓将阴影粉刷至下巴，收紧脸部轮廓，使脸部看起来更加立体。

13 用唇刷将水润感米色唇膏仔细地涂满整个唇部，嘴角也要填满，使唇色更加饱满。

同色调多色眼影涂法

棕色是较为常用的眼影色之一，作为基本款，
既能打造出清晰的立体感，又可以避免过于浓重的妆感，
但看似简单却在手法上较为讲究，用多种棕色系颜色在不同的区域
进行晕染，并用亮色眼影进行调和，强调出层次感。

自然浓淡变化突显层次感

◎将不同深浅的棕色眼影有层次地涂抹在不同的区域，通过浓淡对比加强眼部轮廓。

◎如果想要变成长眼形可以将深色眼影画得长一点；如果想要圆眼形可以将深色眼影涂抹超过双眼皮褶皱部位。

Makeup Skills

1.用眼影刷蘸取浅棕色眼影，轻轻地涂在眼窝部位，左右来回晕染，使着色更均匀，增加眼影贴合度。

2.用眼影棒将浅棕色眼影涂抹在下眼睑距离眼尾2/3的位置，涂抹范围延伸至黑眼球内侧。

3.用海绵棒蘸取深棕色眼影，沿着上睫毛边缘涂抹整个双眼皮部分，打造清晰立体的眼部轮廓。

4.沿下眼睑在距离眼尾1/3的位置，用细海绵棒小面积地晕染深棕色眼影，强调出深邃双眸。

5.用眼影刷蘸取带有珠光感的米色眼影，呈圆形涂抹在黑眼球正上方的眼窝部分提亮，衬托出明亮眼妆。

6.用细眼影棒将珠光感米色眼影小面积地涂抹在眼角处，使眼妆看起来更加水润。

金属烟熏妆与鲜艳红唇的大胆组合

释放内心的狂野魅力

Before

在基础眼线上重叠晕染黑色眼线，加深下眼睑的眼影浓度，
搭配大胆的鲜嫩红色双唇，打造出独一无二的气质金属烟熏妆，
不要再惧怕浓郁的妆感，拿出自信心，将内心中的狂野魅力释放出来。

□ 在T区、下巴和眼下的提亮区域轻扫珠光蜜粉，提升透明度，强调脸部的凸出部位，增加立体感。

□ 用棕色眼影在上眼睑打底后，在基础眼线上重复晕染黑色眼影与金、棕色眼影，搭配水润唇妆。

□ 选择唇妆产品时选择带有水润感的唇膏，可以使双唇更加饱满，粉红色唇膏的颜色不要与红色唇膏的差距过大，否则看起来会不协调。

多层次的金属感烟熏眼妆

1 用大号眼影刷将带有微微珠光感的棕色眼影较大面积地晕染在上眼睑上，眼影颜色不要过深，轻扫3～4遍直至显色即可。

 珠光感巧克力色眼影

2 用黑色眼线液沿着睫毛根部从眼角开始向眼尾勾勒有一定粗度的上眼线，在眼尾处稍稍拉长并上扬。

 黑色液体眼线笔/眼线液

3 然后用黑色眼线液将上睫毛之间的间隙与睫毛与黏膜部位之间的空白填满，提高上眼线的饱满度，使眼形更加立体。

4 用晕染眼影刷蘸取珠光感灰黑色眼影，沿着上眼线的上端从眼角开始向眼尾晕染，使眼线看起来像晕开一般，范围不要过大。

 珠光感灰黑色眼影

5 用眼影刷蘸取无珠光感的棕色眼影，从下眼尾开始向前窄幅地涂抹在整个下眼睑，颜色不要过于饱满，用刷头做出晕染的效果。

 无珠光感棕色眼影

6 然后用眼影刷蘸取珠光感金色眼影，空出内眼角，如画眼线般涂抹在下眼睑的睫毛根部，使眼妆看起来更加闪亮。

茶色、米色系四色珠光眼影

浓密卷翘睫毛膏

7 用睫毛夹将上睫毛夹卷后，先用睫毛底液刷涂睫毛打底，然后选用浓密型睫毛膏，刷涂成舒展的放射状扇形睫毛。

8 然后纵向使用睫毛膏刷头，用刷头的顶端一根根地刷涂下睫毛，并在梢部轻轻拉长，眼角与眼尾的短小睫毛也要涂到。

魅惑的双色性感红唇

Autumn Makeup 6

水润感红色唇膏

水润感粉红色唇膏

9 用腮红将粉红色腮红从微笑时颧骨的最高处开始，沿着颧骨的弧度晕染涂抹到脸颊骨转角的部位，呈现出饱满感。

10 用手指将与自身肤色相近的唇部遮瑕膏点涂在唇部，将自身唇色遮盖住，使后续的唇膏颜色更加漂亮。

11 用唇刷从嘴角处开始向内侧刷涂红色唇膏，将整个唇部涂满，嘴角处要仔细涂抹，避免唇膏堆积。

12 用唇刷蘸取粉红色唇膏，用唇刷的尖端仔细地勾勒出纤细的唇线，打造出独特唇妆。

使圆形眼更加犀利：强调细长感

干练印象四色眼影

基底色与过渡色 ◢

将浅色基底眼影用眼影刷涂抹在上眼睑，范围以睁眼后能看到1cm左右为准，左右进行加长。然后加入中间色过渡眼影，眼头、眼尾处稍稍加长，眼尾重点加长，比上一步涂抹得稍微窄一些。

将重点色涂薄并拉长 ◢

沿着上眼睑睫毛根部，在双眼皮褶皱内用眼影刷涂抹深色眼影，要涂得薄一些，在眼尾处加长1cm左右。

将眼影点缀在下眼尾 ◢

用眼影刷从下眼睑眼尾开始，先将中间色眼影涂抹至眼睛中部，然后将深色眼影涂抹至距离眼尾1/3处，眼尾处拉长。

＼ KEYS! ／

眼影拉长后，可能会使眼睛看起来不自然，用稍稍拉长的眼线平衡整体。眼线颜色不要太重，要与眼影保持色彩平衡。下眼线从下眼睑中间开始向眼尾描画，避开黏膜部分，与加长的上眼睑眼线连接，拉长眼睛的同时，弥补眼形不足。

Autumn
Makeup 7

温暖橘与优雅卡其的交织

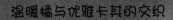演绎华丽中的沉静

Before

单独使用卡其色总会觉得有些沉闷，加入橘色为妆容注入华丽与生机，
而眼影中的金色元素增加了温暖元素，将鲜嫩橘色与优雅卡其色
完美结合，共同打造出冷静与华丽并存的暖色妆容。

□ 在进行仔细的基础护肤工作之后，用带有珠光感的饰底乳进行打底，用海绵块或粉底刷少量蘸取并细细地涂抹是要点。

□ 眼睛的前半部分用橘色眼影晕染，而后半部分用卡其色与棕色突显眼部轮廓，用淡淡的珠光感提升光泽感。

□ 比起银色珠光，含有金色珠光的卡其色眼影更适合搭配温暖的橘色。

将卡其色晕染在后半部分

1 用眼影刷将带有珠光感的橘色眼影大面积地涂抹在上眼睑的前半部分，从眼角开始，涂抹到眼窝部位。

2 用眼影刷将卡其色眼影涂抹在上眼睑的后半部分，在双眼皮的褶皱部位涂深一点，越往上颜色越浅。

3 然后用眼影刷将珠光感象牙白色眼影点涂在上眼睑的中央部位，提亮的同时使两种颜色融合得更加自然。

 珠光感橘色眼影

 淡淡珠光感卡其色眼影

 珠光感象牙白色眼影

4 用眼影刷将无珠光感的棕色眼影涂抹在下眼尾，从眼尾开始涂至中央，涂出自然的渐变感。

5 用眼影刷将带有珠光感的象牙白色眼影涂在内眼角，在内眼角呈"＞"形涂抹，提亮眼眸。

6 用黑色眼线笔沿着上睫毛根部从眼角开始向眼尾勾勒出细细的上眼线，在眼尾处稍稍呈水平方向延长。

 无珠光感浅棕色眼影

铅笔式防水黑色眼线笔

7　将睫毛仔细夹卷后，用镊子在距离眼角2mm的位置开始沿着上睫毛根部粘贴纤长的假睫毛。

8　用睫毛膏刷涂上睫毛，使真、假睫毛自然融合，然后再用睫毛膏刷头的顶端轻轻刷涂下睫毛。

纤长浓密上假睫毛

浓密卷翘睫毛膏

铅笔式自然棕色眉笔

9　用眉笔从眉头开始一根根画出毛束般勾勒眉毛，眉峰不要画得太明显，眉尾不要画得太细，勾勒出弧度自然、粗细适中的眉妆。

在选择卡其色眼影时，如果想要更加沉静的感觉，可以使用不带珠光感的产品；而如果果想要更加华丽的感觉，可以选择带有珠光感的产品。

\ KEYS! /

 ## 亚光感珊瑚色腮红与唇妆 ◢

无珠光感珊瑚色腮红

无珠光感珊瑚色唇膏

10　用腮红刷将桃色腮红呈斜线刷涂在颧骨部位，然后再在腮红区域的上方刷上高光粉，增加皮肤的光泽感。

11　用唇刷将珊瑚色唇膏涂在整个唇部，然后用米色唇蜜重复涂抹。

找到符合脸部的骨骼结构
打造比例适中的眉形

眉头

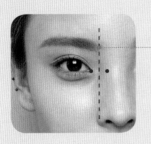

▶ 位于眼角与鼻梁内侧中间的垂直延长线上。

◎描画时从眉毛生长的位置开始，向后约3mm的部位开始描画，用眉梳打理顺畅即可。

眉峰

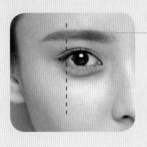

▶ 位于黑眼球外侧与靠近眼尾之间的部位，最高点大致位于眼尾的垂直延长线上。

◎眉峰部位是圆滑还是弯曲，决定了眉毛形状，描画时眼梢上方要自然过渡，过于高挑会显得表情生硬。

眉尾

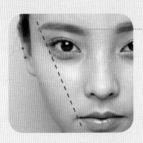

▶ 眉尾位于嘴角与眼尾连线的延长线上，用长眉笔笔杆可以简单测出。

◎描画时，当眉尾的长度超过延长线会显得比较成熟，比延长线短会显得更加可爱。

如整形般的阴影化妆术

深秋的欧式深邃眼眸

Before

不用再羡慕西方人立体的凹陷眼形，我们同样可以完美演绎，
选择适合肤色的棕色系眼影，增加眼睛的浓密感，
再在眼周的骨骼部分打上阴影，充分展现出深邃立体的欧式眼妆。

□ 搭配半湿的海绵块涂抹粉底液，提升粉底的服帖力，将较暗的粉底涂在脸部轮廓处，紧致脸型。

□ 在眼窝部位的眼影晕染是眼妆的重点，利用画好的标准线自然晕染，然后用上扬眼线与金色腮红的搭配提升妆容的性感度。

□ 描画上扬眼线时选择眼线膏或眼线液会较为容易，若使用眼线笔描画，要把笔头削得尖一下，才能画得犀利又漂亮。

用深棕色强调眼窝部位

1 　用扁平的大眼影刷将无珠光感的象牙白色眼影大面积地涂抹在整个上眼睑，满满地涂抹到眉骨部位。

2 　用眼影刷将带有珠光感的棕色眼影分别较宽幅地晕染在上、下眼睑，反复涂抹几遍，加深眼影颜色，表现出阴影效果。

3 　用眼影刷从眼尾处向眉尾涂抹深棕色眼影，画出强调眼窝前的标准线。

 亚光感白色眼影

 珠光感自然棕色眼影

 珠光感深棕色眼影

4 　眼睛向下看，从画长的眼尾开始向眼角处呈拱形涂抹深棕色眼影，使步骤3中的标准线与眼影自然地连接在一起。

5 　用眼影刷左右涂抹开步骤4完成的眼影，进行晕染，使眼窝部分看起来更加自然。晕染前要注意一定要使用干净的眼影刷。

6 　用黑色眼线液沿着睫毛根部勾勒上眼线，眼尾部分拉长并稍稍上挑，使眼妆看起来更加性感。

 黑色液体眼线笔/眼线液

7 用黑色眼线液将内眼角空白的黏膜部位填满，如开内眼角般从视觉上拉长眼形。

8 避开黏膜部位勾勒下眼线后，用眼影刷将深棕色眼影晕染在眼尾部分，使眼线更加自然。

9 将睫毛夹卷后，粘贴眼尾加长型假睫毛，然后涂上睫毛膏，使自身睫毛与假睫毛自然融合。

10 将带有淡淡珠光感的白色眼影涂抹在内眼角、下眼角与眉骨部分，使眼睛增加立体感。

涂抹眼影时，不能涂得过长，更不能涂到眉尾处，只需稍稍上挑1mm左右，看起来会更加自然。

\ KEYS! /

通过修容凸显轮廓

自然修颜阴影粉

无珠光感裸粉色唇膏

11 用阴影粉在眼角部分添加阴影效果，呈"U"形轻轻涂抹，不要涂出太明显的痕迹，然后再从眼角沿着鼻梁轻刷。

12 将阴影粉轻轻地从耳前的发际线处开始斜向下刷涂在脸颊的凹陷处，呈"之"字形刷涂，使整体看起来更加自然。

13 最后用唇刷将无珠光感的裸色唇膏或裸粉色唇膏涂在整个唇部。

性感的
金色腮红

告别单纯地为脸部提升血色感的腮红，
利用金色变身性感女神，用隐隐的光泽提升脸部的立体感，
金色双颊适合在夏天或秋天使用，呈现出健康、性感的印象，
腮红重点在将色彩如拼图般层叠在脸颊部位。

利用三种颜色进行搭配

◎以鼻尖水平延长线和眉尾与嘴角连线的延长线为标准，将三种颜色区域性地涂在脸颊部位，融合高光与阴影，呈现出健康的立体轮廓。

Makeup Skills

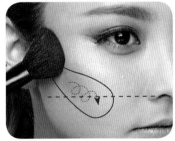

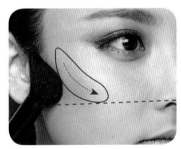

1.用腮红刷将无珠光感、色彩浓度较低的浅棕色腮红画圈般地涂抹在脸颊偏下方的位置，使腮红中央位于鼻尖的水平延长线上，颜色不要太浓。

2.将带有珠光感的铜色或金棕色腮红从外向内呈斜线涂抹在颧骨下方，不要超过鼻尖的水平延长线。

3.最后用珠光感香槟色腮红提亮，用腮红刷在颧骨部分呈斜线涂抹，涂抹至眉尾与嘴角连线的延长线与鼻尖水平线的交点处。

提升脸部的立体感

　　腮红形状如何变化，都要顾及到正面、侧面，只从正面看得到的腮红，会减弱纵深感，侧面也要同时晕出自然红晕，才能显现立体轮廓。虽说是金色腮红，但是只是单纯地添加金色是不行的，颧骨整体、颧骨下方的阴影、颧骨上方的提亮，将浅棕色、金色与铜色涂出层次感，为脸部增加立体感与光泽感，既起到了修饰脸型的作用，又呈现出了健康的性感印象。

Autumn
Makeup
9

Before

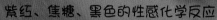

紫红、焦糖、黑色的性感化学反应

浓郁珠光烟熏的魅惑

金属感与烟熏虽所最佳的组合，却也是缺少了些新鲜感。

以紫红色为主色调，分别在眼角与眼尾加入焦糖色与黑色眼影，

通过色彩的组合提升层次感，搭配魅惑的红唇，散发出浓郁的性感魅力。

□ 因为眼妆较为浓重，底妆要讲究洁净，清透的蜜粉不可少，眼周使用遮瑕产品，使眼线的轮廓更清晰。

□ 以紫红色为主色调，在眼睛的前半部分用带有强烈珠光感的焦糖色眼影包裹住，眼睛的后半部分用黑色眼影晕染出烟熏感。

□ 选择带有强烈珠光感的眼影产品提升眼妆的华丽感，使用眼线笔勾勒眼线，更容易营造出烟熏妆感。

珠光感与黑色烟熏的组合

1 用眼影刷将带有淡淡珠光感的紫红色眼影宽幅地涂抹在上眼睑，将刷头从中间开始分别左右向眼角、眼尾晕染。

淡淡珠光感紫红色眼影

2 用眼影刷蘸取珠光感焦糖色眼影，从眼角开始沿着眼窝向后晕染，晕染至眼部的中央部位。

珠光感焦糖色眼影

3 用眼影刷将带有淡淡珠光感的米色眼影从下眼角向眼尾方向较宽幅地涂抹在整个下眼睑打底。

淡淡珠光感米色眼影

4 用眼影刷将步骤2中使用的珠光感焦糖色眼影从下眼角开始沿着睫毛根部窄幅地向眼尾方向涂抹，要突出明显的颜色。

5 用眼影刷蘸取黑色眼影，沿着上睫毛根部从距离上眼尾1/3的位置开始向眼尾轻轻晕染。

珠光感焦糖色眼影

6 用黑色眼线笔沿着沿着睫毛根部从眼角开始向眼尾勾勒出有一定粗度的上眼线，在眼尾部位拉长并稍稍上扬。

铅笔式防水黑色眼线笔

7 然后用眼线笔沿着下睫毛根部勾勒出纤细的下眼线，上、下眼角空白的黏膜部位也要填满。

8 用眼影刷将黑色眼影涂抹在下眼尾，来回移动刷头，晕染出烟熏的效果。

魅惑的双色性感红唇

9 用指腹将唇部遮瑕膏薄薄地涂在整个唇部，吸除多余油脂的同时遮盖自身唇色，使后续唇膏更加漂亮。

10 用唇刷充分地蘸取红色唇膏后，微微张开双唇后仔细地勾勒唇线，可以防止唇膏晕开。

11 用唇刷从嘴角处开始向内侧刷涂红色唇膏，将整个唇部涂满，嘴角处要仔细涂抹，避免唇膏堆积。

12 选择比整体红色较暗的酒红色唇膏，用唇刷蘸取后如做渐变效果般地涂在嘴唇内侧，使唇部更显立体感。

13 用腮红刷蘸取粉色腮红，以微笑时颧骨的最高点为涂抹中心，以画圈的方式沿着颧骨弧度滑动刷头，涂出明显的腮红颜色。

Chapter 5

冬之
美妆术

冬天来临，天气越来越冷，
人也变得越来越懒惰，
可是脸上的妆容可不能闲下来。
冬季是一个属于聚会与休假的季节，
将刺骨的寒风抛之脑后，
用精致的妆容将自己武装起来，
无论在什么场合中都大放异彩。

Winter
Makeup

用红色渲染出的性感中的清纯印象

性感红色的清纯魅力

Before

红色一般都会给人一种热情、魅惑的感觉，然而一反这种强烈印象，
将红色眼影与柔和的珠光感相融合，轻轻地包裹住整个眼眸，
用洁净无瑕的肌肤作为基底，搭配拉长眼尾睫毛，打造独具吸引力的妆容。

□ 在妆容中使用红色时，底妆要洁净一些，如果觉得肌肤看起来有些油光，则扑上一些透明散粉；若觉得不够水润，可以使用喷雾补水。

□ 去掉红色的强烈印象，塑造出清纯中带有性感的独特妆容。将红色眼影淡淡地晕染开，即使使用红色也不会给人过于夸张的感觉。

□ 选用带有淡淡珠光感的眼影产品，红色眼影的颜色不要过深，用浓度较轻的颜色突显清纯而又性感的魅力。

💄 将红色淡淡地包裹住眼眸

1 做完基础的补水护肤后，先用妆前底乳调整肤色，然后用遮瑕霜将脸部较为明显的瑕疵遮住，打造出光泽感底妆。

匀肤水润妆前底乳

2 将乳白色眼影与珊瑚色眼影大面积地涂在整个上眼睑打底，要涂得薄一些，吸取眼睑上油分的同时使后续的眼影更加显色。

淡淡珠光感乳白色眼影

3 用眼影刷将红色眼影沿着上睫毛根部窄幅地涂在上眼睑，宽度约为双眼皮褶皱的1/3，左右小幅度移动笔刷将眼影均匀地涂抹。

珠光感红色眼影

4 用眼影刷将打底时使用的淡淡珠光感珊瑚色眼影，涂抹在下眼睑的卧蚕部分，从下眼角开始薄薄地涂至眼尾。

淡淡珠光感珊瑚色眼影

5 用眼影刷将步骤3中使用的红色眼影点涂在眼角与眼尾处，既可以使眼妆看起来更为柔和，也能增加一丝丝的性感。

眼角处轻轻点一下即可，眼尾处以自然拉出眼尾的感觉涂抹。

\ KEYS! /

眼尾加长型假睫毛

浓密卷翘睫毛膏

7 将睫毛夹卷后，从距离眼角1/3处开始粘贴假睫毛，加长眼尾，使妆容更加性感。

8 用睫毛膏刷涂睫毛，使假睫毛看起来更加自然，眼角部分的睫毛要仔细刷涂，与假睫毛自然融合，下睫毛只涂眼部中央的睫毛。

粘完假睫毛后，用黑色眼线液填满睫毛与黏膜之间的间隙，用内眼线使眼部轮廓看起来更加清晰。

\ KEYS! /

双色腮红盘

提升脸部立体感

9 将带有金色珠光感的高光粉涂在额头、鼻梁、笔尖与眼部下方的脸颊处，提升脸部印象。

10 从眉头下方开始，经过眼角外侧向下将阴影粉涂抹在鼻梁两侧，淡淡地晕染一层即可，利用光影对比，使鼻梁更显挺拔。

11 将粉色腮红与珊瑚色腮红进行混合，用腮红刷涂在颧骨部位。

12 先将粉红色液体唇彩涂抹在双唇上，然后用手指从唇部中央开始向外晕染开，最后再重复涂抹唇部中央。

性感升级的
魅力细眉

想要打造出风情十足的双眉，将眉毛的粗度控制在7～8mm是重点，先用眉笔将眉毛上下端的线条勾勒出来，挑高眉峰的位置，因为眉头的颜色较为浓重，所以将眉峰画得稍微夸张一些也不会显得不自然，并且为妆容添加更为性感的印象。

用轮廓线控制眉毛粗细度

◎将眉毛的粗度控制在7～8mm是重点，先用眉笔将眉毛上下端的线条勾勒出来，挑高眉峰的位置。

◎眉尾部分的下端轮廓呈现出自然的弧度，但眉峰处的角度要较为锋利些。

Makeup Skills ◢

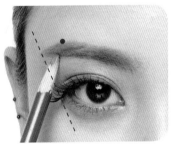

1.用眉笔从眉头开始勾勒上端线条至眉峰部位，将眉峰画在眼尾的垂直延长线上，要呈斜直线描画，越到眉峰部位越高。

2.然后从眉峰开始勾勒至眉尾，使眉尾位于鼻翼与眼尾略外侧连线的延长线上，眉峰要画得稍锋利一些，角度越大，越能够体现灵动的感觉。

3.用眉笔勾勒眉毛下端的轮廓，先从眉头描画至眉峰，下端的眉峰位置稍稍靠里些，将下端的眉峰画在黑眼球外侧与眼尾中点的垂直延长线上。

从细节上提升眉妆完成度

将眉部的整体轮廓勾勒完之后，用眉笔加重眉头处的颜色，也稍稍画宽一些，使整体眉毛呈现出越来越纤细的效果。根据脸部轮廓来调整眉尾，对于横幅过宽或双眼间距偏近，眉尾应离轮廓偏远，通过拉长眉尾可以淡化缺点。确认时，眉尾的位置应在鼻翼与眼尾的延长线上。

如韩剧女主人公般的动人泪眼

女人味儿柔情丽人

Before

眼角部分用驼色眼影营造出柔柔的光泽感，而用眼尾的棕色突出立体感，
上眼睑的驼色颜色要浅，通过对比，明确地突显上眼皮的阴影效果，
搭配淡淡的腮红色与唇色，打造出令人怜惜的女人味妆容。

□ 上完底妆之后，用蜜粉刷轻扫几下全脸，消除脸部多余的粉末，可以避免粉质粉底涂抹后妆感的厚重感。

□ 用强烈的珠光感突出楚楚可怜的可人印象，为了避免珠光感的膨胀现象，用深棕色收紧眼部轮廓。

□ 因为眼影色较淡，在眼线产品上可以选用眼线液来提升眼部轮廓的清晰度，而如果完全展现温柔眼妆，可以使用效果更柔和的眼线笔。

用珠光感提亮眼眸

1　将深棕色眼影淡淡地晕染在眼尾与眼窝部位，在除了双眼皮线以外的部分呈 ">" 形涂抹。

2　用眼影刷将深棕色眼影涂在下眼尾，与步骤1中的眼影自然地连接起来，颜色要比步骤1中的色调深一些。

淡淡珠光感深棕色眼影

3　用眼影刷将带有珠光感的驼色眼影窄幅地涂抹在双眼皮褶皱处，将步骤1中空出的位置填满，颜色要浅。

珠光感金驼色眼影

4　将带有金色珠光感的驼色眼影呈 ">" 形涂在内眼角部位，使眼睛看起来更加开阔。

5　用黑色眼线液勾勒上眼线，眼尾处稍稍向外拉长8mm左右，不要画下眼线，可以使妆容看起来更加干净利落。

黑色液体眼线笔/眼线液

6　将上睫毛夹卷后，用睫毛膏刷涂上睫毛，涂出根根分明的感觉，不要多次地重复涂抹。

黑色浓密纤长睫毛膏

♀ 缓解犀利印象的柔眉 ◢

7 用眉刷蘸取浅棕色眉粉，轻轻地晕染整个眉部，如果发色较深就可以省略这一步。

8 用眉笔勾勒眉毛上端线条，从眉头开始勾勒至黑眼球外侧，使线条尽量靠近水平状态。

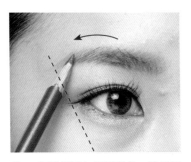

9 勾勒眉峰与眉尾线条，将眉尾描画至鼻翼与眼尾外8mm连线的延长线上，与上一步线条自然衔接，形成具有自然弧度的眉峰。

10 眉头至眉毛中间的下端线条按照自身眉形呈直线描画，而从眉毛中间开始不要画得太直，画出具有自然弧度的线条。

铅笔式自然棕色眉笔

发色较浅的人可以在最后用染眉膏调整一下眉色，先用染眉膏从眉尾开始一点点逆向轻刷眉毛表面，然后再从眉头开始顺向一点点刷至眉尾，使整体效果更加协调。

\ KEYS! /

♀ 腮红与唇妆 ◢

淡粉色唇膏

11 用刷头将粉色腮红呈倒三角形涂抹，眼睛下面要涂宽，越往下越窄，表现少女韵味。

12 用唇刷将淡粉色唇膏涂抹在唇部，在涂抹亮色唇膏时使用唇刷可以使刷毛刷到唇部角质。

局部补妆快速修饰"熊猫眼"

修补晕开的眼妆

只卸掉晕开的部分

一天出门在外，眼部皮脂多多少少会分泌一些油脂，尤其在夏天，即使是再持久的眼妆产品也会产生脱妆的情况，看起来像"熊猫眼"一样。及时地对眼部产生的晕妆进行修补，随时随地保持清爽干净的妆容。

Makeup Skills

1. 用棉棒蘸取少量的卸妆乳，在眼部花妆部分轻轻擦拭，不要使用卸妆油，否则不容易再次上妆。

2. 再用指腹蘸取一些卸妆液，轻轻地按压在脱妆的部位，再次清洁的同时去除过多残留的卸妆产品。

3. 折叠粉扑并蘸取粉底，用折出的角轻轻地涂抹在卸了妆的部分，使脱妆部分的底妆与周边融合。

消除眼部疲劳感

当眼影脱妆，眼部看起来黯沉的时候，可以利用高光粉与带有珍珠光泽的眼影进行遮盖修复。用纸巾包住粉扑并按压眼下，去除多余油脂，然后将高光粉从下眼睑涂向脸颊。用指腹将珍珠颗粒细小的眼影，均匀地按压在上眼睑，利用光泽消除疲劳感。

将重点放在眼尾，利用假睫毛放大眼形

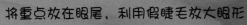

可爱的大眼洋娃娃妆

利用假睫毛塑造出纤长舒展的上睫毛、根根分明的下睫毛，
在眼尾部位晕染棕色眼影，将重点放在眼尾部位，放大并修饰了眼形，
再加上如樱桃般的粉嫩渐变唇，可爱的大眼洋娃娃妆就这样诞生了。

FOUNDATION	MAKE UP	COSMETICS
□ 用粉底刷涂抹粉饼，转动刷头进行打底，在肌肤表面打磨出光泽感，也避免了粉饼容易涂厚的缺点。	□ 将眼影重点放在眼睛的后半部分，再加上拉长的眼尾睫毛，从视觉效果上放大眼形，增添了可爱感。	□ 选择眼影时选用含有珠光粒子的产品，用光泽感营造柔和感。假睫毛用眼尾加长型假睫毛拉长眼形。

将重点放在眼睛后半部分

1 用眼影刷将带有淡淡珠光感的米色眼影大面积地分别涂抹在整个上下眼睑，轻轻地刷涂2～3次即可。

 淡淡珠光感米色眼影

2 然后用眼影刷将浅棕色眼影淡淡地涂在双眼皮褶皱处，并轻轻晕染开，使棕色眼影与米色眼影自然地融合，越到眼尾面积越大。

 淡淡珠光感浅棕色眼影

3 用眼影刷将带有无珠光感的深棕色眼影涂抹在上眼尾进行强调，从黑眼球外侧开始向眼尾涂抹，在眼尾处稍稍拉长。

 无珠光感深棕色眼影

  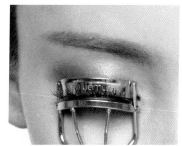

4 然后再用眼影刷将同样的珠光感深棕色眼影窄幅地涂抹在下眼尾，并与上眼尾的眼影连起来。

5 将珠光感白色眼影点涂在内眼角，如同开了内眼角一般拉长了眼形。将白色眼影涂抹的范围放大，使颜色明确地显现出来。

 珠光感象牙白色眼影

6 用睫毛夹将上睫毛夹卷，力度要控制得当，避免出现明显的夹痕，用睫毛夹分别靠近眼角与眼尾的睫毛，将细小睫毛夹卷。

眼尾加长型假睫毛

单株下假睫毛

7 选择眼尾加长型浓密假睫毛，用睫毛镊从距离眼角5mm处开始粘贴，越往后越长的假睫毛横向拉长了眼形。

8 将单株下假睫毛从眼部中央开始向眼尾粘贴，沿黏膜部位呈一字形粘贴，眼尾处要离开黏膜部位，否则会使眼睛看起来更小。

9 用黑色睫毛膏分别轻轻地刷涂上下睫毛，使真、假睫毛看起来更加自然一致。

10 用黑色眼线笔沿着假睫毛根部，从眼角开始勾勒出细细的眼线，填补睫毛间隙，自然地遮盖住贴合处。

腮红与唇妆

双色腮红盘

粉红色液体唇彩

11 将粉色腮红与珊瑚色腮红进行混合，用腮红刷涂在颧骨部位，然后在额头中央、鼻尖部分加入高光。

12 用遮瑕膏遮盖住自身的唇色之后，将粉色唇液从嘴唇中央开始向外涂抹，颜色由深到浅，呈现渐变感。

遮盖红潮的冬天底妆

当脸部皮肤变薄，尤其在冬天，脸部的毛细血管会变得明显，
使脸颊处产生一片红潮，如同"村姑"一般。
利用饰底乳与粉底液的组合中和脸部上的红潮，使肌肤更加洁净，
用如雪一般晶莹剔透的肌肤迎接美丽的冬天。

重点遮盖泛红的肌肤

◎绿色妆前乳中和红色的做法并不适合肤色偏黄的亚洲人，
会使肌肤浮着一层不自然的白粉，最好选择黄色饰底乳。

Makeup Skills

1. 用手指将黄色饰底乳以敲打的方式点涂在脸上泛红的部位。

2. 用海绵块将点涂的黄色饰底乳边敲打边晕染开，不仅可以提升饰底乳的服帖度，还可以使妆容更自然。

3. 将含水量适中、用量适中的粉底液点涂在两颊、鼻部与额头处，并用海绵块将粉底均匀地涂开至全脸。

4. 泛红部位要重点重复进行涂抹，将粉底与饰底乳进行混合后涂抹。

5. 脸上明显的瑕疵用遮瑕刷自然地进行遮盖。

6. 用粉扑蘸取蜜粉轻压在眼周、鼻翼等易出油的部位定妆。

从眼底绽放幻十足的紫色光芒

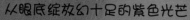

神秘感紫罗兰妆容

紫色是一个比较难驾驭的颜色，以眼线为妆容的重点，
将紫色轻轻点缀在下眼睑，呈现出既具神秘感又富女性魅力的梦幻妆容，
从眼底绽放紫色光芒，并与厚厚的皮草相得益彰，是个适合冬天的妆容。

FOUNDATION

□ 综合搭配具有滋润效果的底妆产品，利用光的重叠效果赶走肌肤的干燥及黯沉。

MAKE UP

□ 眼线的线条感不要过强，虽然是以眼线为主的眼妆，但是以晕染的手法涂抹，使眼线更柔和，减弱犀利感，呈现出高傲印象。

COSMETICS

□ 选择眼线产品时不要选择眼线胶或眼线液，会使眼妆看起来比较生硬，用眼线笔的柔软质地营造柔和感。

将紫色加在下眼睑

1　用眼影刷将带有淡淡珠光感的米色眼影从眼角开始向眼尾大面积地涂抹在上眼睑进行打底，用隐隐的光泽提亮眼眸。

 淡淡珠光感米色眼影

2　用黑色眼线笔沿着睫毛的根部从眼角开始向眼尾勾勒出纤细的上眼线，以填补睫毛间隙的感觉，细碎地移动笔头勾勒。

铅笔式黑色眼线笔

3　然后用黑色眼线笔从眼部的中央开始加粗上眼线，在眼尾部分拉长并呈现出下垂感，有如上睫毛被延长的感觉。

4　以上眼线的眼尾为基准，用黑色眼线笔填补下眼尾部分，从上眼线眼尾开始轻轻向前晕染，要晕染出眼影的感觉。

可以用棉棒将下眼线晕染得更加自然，从眼尾开始向内晕染开。注意不要过大面积地抹开，否则会使下眼皮妆容显脏。

\ KEYS! /

5　用手指轻轻拉住内眼角，用黑色眼线笔将上眼角与下眼角空出的黏膜区域填满，从视觉上拉长眼形，要注意不要涂进眼睛里面。

珠光感象牙白色眼影

淡淡珠光感浅紫色眼影

6 用眼影刷将带有珠光感的象牙白色眼影涂抹在下眼角与卧蚕部位，晕染出明显的色泽，与上眼睑的眼影色相互照应。

7 用眼影刷将带有淡淡珠光感的淡紫色眼影点涂在下眼睑，要与下眼线自然融合，用刷头轻轻向眼尾方向晕染。

8 然后再用眼影刷将珠光感象牙白色眼影点涂在上眼睑的中央部位，使眼妆看起来更加透明。

9 用睫毛夹将上睫毛夹卷后，用睫毛膏仔细地刷涂上睫毛，刷出根根分明的感觉，不容易涂到的眼角与眼尾睫毛用刷头尖端刷涂。

腮红与唇妆

粉色唇膏棒

10 用腮红刷将薰衣草色腮红大面积地涂抹在脸颊部分，转动刷头，边画圈边涂抹腮红。

11 用修容刷蘸取适量的高光粉后，从额头开始向下轻刷，沿着鼻梁刷至鼻尖。

12 用遮瑕膏遮住自身唇色后，将粉色唇膏从嘴唇内侧开始向外侧涂抹，颜色越来越浅，营造出自然的渐变感。

薰衣草腮红童颜利器

将如薰衣草般的淡紫色色泽添加在双颊,
淡淡的珠光感与薰衣草色完美地结合,使肌肤看起来更加明亮,
并遮盖住了脸部肌肤上的红潮,同时给人更加年轻
的印象,简直就是"一箭三雕"。

将薰衣草色大范围地晕染

◎童颜腮红的重点是薰衣草色腮红与如同画圈般的刷涂方法,不仅是苹果肌,腮红要大范围地晕染在包裹颧骨、眼部下方的整个脸颊。

Makeup Skills

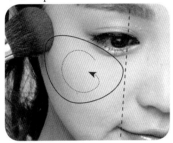 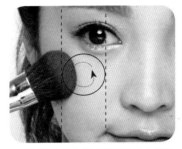

1. 用腮红刷将含微微珠光感的薰衣草色腮红呈圆形大面积涂在脸颊处,要宽宽地涂抹至眼部下方,腮红内侧不要超过黑眼球内侧所在的垂直线。

2. 再用薰衣草色腮红重复涂抹在颧骨的最高部位,强调出苹果肌,腮红范围要控制在黑眼球内侧垂直线与眉尾垂直线之间,同样呈圆形涂抹。

为了避免腮红颜色过于浓重,用刷头充分蘸粉后,要在手背或纸巾上去除浮在刷头表面的粉末。涂完腮红后,用海绵或粉扑将腮红轮廓与周围肤色自然淡开,消除明显的边界。

\ KEYS! /

中和泛红部位

想要提升肤色的亮度,除了粉色之外还可以选择淡紫色产品。将散发薰衣草色泽的腮红大面积地晕染在整个脸颊,画圈般的涂抹手法是关键,然后再重复强调苹果肌部分,可以使人看起来更加年轻,有活力。淡紫色可以中和脸部的泛红部位,适合脸部有红血丝的人群。

用经典的黑色小烟熏成为焦点

女神范儿烟熏妆容

Before

在各种派对与聚会的场合中，烟熏妆总是大家的首选妆容，
但是错误的手法总会使妆容不是看起来过于夸张就是看起来脏脏的，
将灰黑色放在眼尾，再用珠光白色进行点缀，才能散发出女神气息。

□一个漂亮的烟熏妆，白净无瑕的肌底是必备条件。用海绵块以滑动按压的方式将粉底薄薄涂开，打造细腻肌肤的同时提升持久度。

□用杏色打底后，在眼睛的后半部分晕染灰黑色眼影，从眼尾开始向前涂抹，营造出自然的渐变感。

□灰黑色眼影可以晕染出较为自然的烟熏妆感，如果想要更加浓重一点的妆感，可以选择亚光感的黑色眼影。

从后向前晕染灰黑色

1　用眼影刷将带有珠光感的浅杏色眼影从眼角开始向眼尾较大面积地涂抹在整个上眼睑打底，颜色不要过浓。

 淡淡珠光感浅杏色眼影

2　然后用晕染眼影刷蘸取灰黑色眼影，从眼尾开始轻轻地向眼角方向呈放射状晕染至眼睛中央部位，晕染出渐变的效果。

 淡淡珠光感灰黑色眼影

3　然后用眼影刷蘸取带有淡淡珠光感杏米色眼影，从眼角开始向眼睛中央部位进行涂抹，与黑色眼影自然地融合在一起。

 淡淡珠光感杏米色眼影

4　然后用眼影刷将珠光感象牙白色眼影轻轻点涂在眼睛中央部位，在自然地衔接杏色与黑色眼影的同时提亮眼妆。

 珠光感象牙白色眼影

5　用扁平的小号眼影刷将灰黑色眼影从下眼尾开始向眼角方向轻轻晕染，晕染至黑眼球内侧，下眼影要与上眼影相连接。

6　用细眼影棒蘸取珠光感象牙白色眼影，从下眼角开始向后窄幅地进行涂抹，后半部分轻轻地覆盖在灰黑色眼影上。

7 用黑色眼线液沿着上睫毛根部从眼角开始向眼尾勾勒有一定粗度的上眼线，在眼尾处拉长。

8 用黑色眼线液沿着睫毛根部从下眼尾开始向前勾勒下眼线，细细地勾勒至眼睛中部即可。

浓密交叉假睫毛

9 选择浓密感假睫毛，用镊子夹住假睫毛的一端，从眼尾位置开始向眼角处，边调整位置边粘贴于睫毛根部。

10 粘完假睫毛后在睫毛上涂抹睫毛膏，从睫毛根部开始呈锯齿状向睫毛末端刷涂，力度要轻柔，防止假睫毛被刷掉。

📷 珊瑚色泽脸颊与双唇 ◣

水润感桃色唇膏

11 用腮红刷蘸取珊瑚色腮红，在手背上调整用量后，呈微笑状以椭圆形向外侧刷涂在脸颊最高处。

12 用手指蘸取与肤色相同的遮瑕膏，轻轻地拍打在唇上，遮盖自身唇色，可以使后续唇膏色彩更加显色。

13 将水润感桃色唇膏仔细地涂抹在整个唇部。

根据脸型在不同的位置加入高光

用提亮弥补脸型缺陷

圆形脸型的高光 ◢

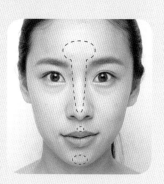

在由T字区、人中与下巴连起的垂直线条上加入高光，可以突出鼻梁，使脸型看起来更加收敛。

长形脸型的高光 ◢

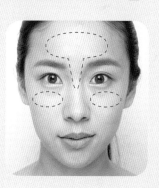

在额头与眼部下方横向加入高光，若将高光延伸至整个鼻梁反而会使脸型看起来更长，所以只在鼻梁上方轻轻涂抹即可。

方形脸型的高光 ◢

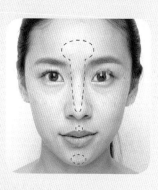

与圆形脸型的高光区域相同，方形脸型也需要在T字区、人中与下巴处加入高光，竖直强调脸型，横向缩短脸型。

用光泽与酒红色彩塑造成熟印象

闪耀的酒红色妆容

Before

将充满珠光感的金棕色眼影包裹住整个眼眸，

用酒红色眼影拉出如眼线般的线条，饱含成熟的气息，

双唇用红色填满，并用更加深沉的红色覆盖在嘴角，使唇部更加立体。

□ 脸部的中央区域用浅色粉底，脸部轮廓区域用深色粉底，利用深浅对比打造出更加紧致立体的妆感。

□ 立体感是妆容的中心，在眼角、眼尾加入金棕色，使眼部轮廓更加突出，唇部也利用深浅增加饱满感。

□ 含有珠光感的眼影产品是重点，唇部使用两种颜色，整体用正红色涂满，两侧嘴角利用暗红色提升立体感。

如眼线般描画酒红色眼影

1　用眼影刷蘸取带有淡淡珠光感的米色眼影从眼角开始向眼尾方向较大面积地涂抹进行打底，轻轻地涂抹1～2次即可。

 淡淡珠光感米色眼影

2　用眼影刷蘸取带有淡淡珠光感的金棕色眼影，从眼角开始向眼尾方向进行涂抹，涂抹在上眼睑的下半部分。

 淡淡珠光感金棕色眼影

3　然后用眼影刷将金棕色眼影从下眼角开始较窄幅地向眼尾方向涂抹在整个下眼睑。

4　用眼影刷蘸取深棕色眼影，在下眼睑距离眼尾1/3处开始，沿着睫毛边缘向眼尾窄幅地涂抹，起到阴影色的效果。

 珠光感深棕色眼影

5　用眼影刷蘸取珠光感红棕色眼影，分别点涂在上眼睑眼角及眼尾部位，同样起到阴影效果，使眼部看起来更加立体。

6　用扁平的小眼影刷蘸取带有金属质感的酒红色眼影，如画眼线般，沿着上睫毛根部从眼角开始向眼尾描画出有一定粗度的线条。

黑色液体眼线笔/眼线液

7 用黑色眼线液沿着上眼睑黏膜位置描画出内眼线，将睫毛根部的间隙部位填满，突出眼部的轮廓感。

8 然后用黑色眼线液从下眼尾开始向前勾勒下眼线，同样沿着黏膜部位，空出黑眼球部位，分别勾勒眼角与眼尾部分。

⁛ 腮红与唇妆 ◢

9 将带有淡淡珠光感的桃色腮红从颧骨处开始向轮廓呈现状来回轻扫，先从内向外扫，可以修饰出立体的脸部轮廓。

10 用手指蘸取与肤色相近的唇部专用遮瑕膏，轻轻拍打双唇，将自身唇色遮盖住，使后续唇色更加显色。

亚光感暗红色唇膏

11 用唇刷蘸取正红色唇膏，先将唇线仔细勾勒出来后再用唇刷蘸取唇膏后涂抹整个唇部，尤其嘴角处要仔细涂抹。

12 然后用唇刷分别从两侧的嘴角开始向内侧涂抹暗红色唇膏，涂抹至唇峰处即可，提升唇部立体感，结束处要自然地晕开。

根据皮肤色调搭配唇色

正确唇色为肌肤加分

白皙皮肤

对于较为白皙的皮肤来说，唇色上的限制并不是很多，任何颜色都可以进行搭配。选择色彩浓度高的粉色系唇色可以使人看起来更加年轻。

泛黄皮肤

对于皮肤颜色较黄的人来说，应该尽量避免带有珠光感的唇妆产品，可以选择橘色或色彩浓度低的裸粉色，不要选择红色唇膏，会更加强调泛黄的肤色，使人看起来不够时尚。

泛红皮肤

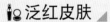

如果选择红色或酒红色唇膏，反而会使皮肤上的泛红区域更加明显，应该搭配米色或棕色等裸色色系唇膏，可以使皮肤看起来更加干净白皙。

黝黑皮肤

较为黝黑的皮肤应该选择比自身肤色亮一些的自然米色或裸色系颜色的唇膏，带有珠光感的产品可以使皮肤看起来更加明亮，尽量避免亮粉色或亮橘色等较为强烈的颜色。

利用光泽与假睫毛提升妆容华丽感

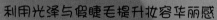 成为派对中的主角

Before

随着年末的到来，需要参加的派对也越来越多了，派对妆容虽然华丽，却也去除掉了色彩感，利用黑色的眼线与假睫毛打造出有重量感的妆容，利用珠光的光泽感，在灯光下使妆容更加美丽耀眼。

□ 想要更好地衬托出浓重眼妆，毫无瑕疵的洁净光感基底是重点，利用光的扩散效果为肌肤带来柔和透明感。

□ 华丽的眼妆中必然缺少不了假睫毛的使用，根据自身眼形修剪假睫毛，搭配厚重的眼线突出重点。

□ 因为浓密华丽的假睫毛，描画眼线时要选择色彩紧实的眼线液，使眼线看起来更加流畅，提升存在感。

✦ 提升眼线与睫毛的存在感

1　用与自身发色相近的眉笔填补眉毛毛发稀疏的部位，用笔尖小幅度地仔细勾勒出线条，描画出自然的毛发。

2　用眼影刷将带有珠光感的金色眼影涂抹在整个上眼睑，从眼角开始向眼尾方向涂抹，晕染出自然的渐变感。

珠光感金驼色眼影

3　用眼影刷将带有淡淡珠光感的棕色眼影沿着睫毛根部涂抹在双眼皮褶皱部分，颜色不要过深，在眼角处稍稍加重颜色。

淡淡珠光感自然棕色眼影

4　用眼影刷将步骤2中使用的珠光感金色眼影涂抹在下眼睑的前半部分，从眼角开始涂抹，并向眼尾方向轻轻地晕染开。

5　然后再将带有淡淡珠光感的象牙白色眼影涂抹在下眼睑的后半部分，从眼尾开始向前晕染开，与金色眼影自然地融合。

珠光感象牙白色眼影

6　用黑色眼线液沿睫毛根部从眼角开始向眼尾勾勒有一定粗度的上眼线，在眼尾处拉长并上扬，黏膜部位也要填满。

黑色液体眼线笔/眼线液

7　然后以上眼线的眼尾为基准用黑色眼线笔勾勒下眼线，从眼尾开始向前勾勒至黑眼球的内侧。

8　出席派对当然少不了假睫毛的帮衬，可以选择款式较为华丽的假睫毛，粘贴在整个上眼睑。

9　在下眼睑的后半部分粘贴下睫毛，选择单簇下假睫毛，根据自身眼形的大小粘贴3～4簇即可。

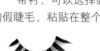

局部浓密拉长假睫毛

单株下假睫毛

腮红与唇妆

10　将粉色腮红与橘色腮红进行混合，从眼尾外侧靠近发际线处开始向颧骨呈"S"形涂抹。

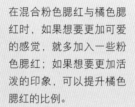

在混合粉色腮红与橘色腮红时，如果想要更加可爱的感觉，就多加入一些粉色腮红；如果想要更加活泼的印象，可以提升橘色腮红的比例。

\ KEYS! /

11　用唇刷将亮粉色唇膏从嘴唇内侧开始向外侧涂抹，颜色越来越浅，呈现出自然的渐变感。

12　然后再在整个唇部涂上一层透明唇彩，使唇部看起来更加水润饱满。

无珠光感亮粉色唇膏

塑造如洋娃娃般的放大电眼

五种假睫毛款式

自然纤长型 ◢

纤细的假睫毛与自身睫毛自然融合，无论在任何场合都不会有夸张的感觉。

眼尾加长型 ◢

眼尾睫毛长度较长，有拉长眼形的作用，适合小而圆的眼形，塑造性感的印象。

浓密交叉型 ◢

增强了根部的密度，使睫毛显得长而浓密，前段纤长，轻松塑造大眼妆。

中部浓密型 ◢

增加中间部分的密度，可以纵向拉长眼形，塑造出可爱的圆圆大眼。

下睫毛 ◢

用于提升下睫毛的存在感，自然的毛束呈现根根分明的效果，适合提升眼部纵向幅度。

用黑色的烟熏感营造出高雅魅惑氛围

都市中的冷酷丽人

Before

在整个眼睑晕染黑色眼影的烟熏手法已经太过普遍，也容易显脏，
比起大片的涂抹，将重点放在眼尾，晕染在眼窝上以突出眼部轮廓，
同时用珠光感眼影营造光泽感，提升自然感，更能展现性感高贵气质。

FOUNDATION

□ 因为眼妆颜色较浓，底妆要讲究洁净，清透的蜜粉不可少，眼周使用遮瑕产品，使眼线的轮廓更清晰。

MAKE UP

□ 将重点放在眼尾，晕染在眼窝上以突出眼部轮廓，而其他部分加入珠光感米色眼影，用光泽感提升自然感。

COSMETICS

□ 利用产品中的珠光感提升整体妆容的高贵质感，选用与晕染眼影相融合的眼线笔来勾勒眼线。

💄呈 "U" 形晕染眼影

1 　用珠光米色眼影在整个上眼睑进行打底后，从眉头下方开始向眼角涂抹无珠光感的棕色眼影，提升立体感。

 无珠光感自然棕色眼影

2 　用眼影刷蘸取珠光感米色眼影较宽幅地涂抹在整个下眼睑。

 淡淡珠光感米色眼影

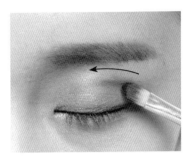

3 　用眼影刷将黑色眼影在眼窝上轻轻地进行晕染，画出强调眼窝的标准线，眼尾颜色重一点，越到眼角越浅。

 淡淡珠光感黑色眼影

4 　用眼影刷在眼尾部位晕染黑色眼影，不要超过步骤3中的标准线，呈 "U" 字形进行涂抹，晕染出自然的渐变感。

5 　用眼影刷蘸取黑色眼影，涂抹在整个下眼睑，宽度比步骤2中涂抹的米色眼影较窄一些。

6 　为了让眼形看起来长一点，可以在眼尾部位添加黑色眼影，将上下眼影连接起来，加重眼影的颜色。

7　用眼影刷将带有珠光感的象牙白色眼影涂抹在下眼角与卧蚕部位，晕染出明显的色泽，与上眼睑的眼影色相互照应。

8　用眼影刷将带有淡淡珠光感的淡紫色眼影点涂在下眼睑，要与下眼线自然融合，用刷头轻轻向眼尾方向晕染。

Winter Makeup 8

9　然后再用眼影刷将珠光感象牙白色眼影点涂在上眼睑的中央部位，使眼妆看起来更加透明。

10　用睫毛夹将上睫毛夹卷后，粘贴假睫毛使眼部轮廓更加清晰，然后用睫毛膏轻轻刷涂。

如果觉得眼影的画法过于麻烦，或画不出想要的效果，可以直接在眼窝以下部分整体涂抹黑色眼影，然后在双眼皮褶皱部分的中间涂抹米色眼影，有范围地进行晕染。

\ KEYS! /

🎨 腮红与唇妆

淡淡珠光感珊瑚色腮红

米粉色唇膏

11　将带有淡淡珠光感的珊瑚色腮红从脸颊的中央部位开始向颧骨外侧涂抹，用腮红刷呈画圈状涂抹。

12　用唇刷蘸取米粉色唇膏，将嘴角微微向外张开，使嘴型呈"一"时的微笑状，仔细地横向涂抹唇膏。

告别 "草莓鼻"

完美隐藏鼻部毛孔

产品与手法的搭配

　　　　　　　明显的鼻部黑头与毛孔会令自信心大打折扣，调和修饰毛孔的饰底乳与遮瑕霜，以轻轻按压的方式提升持久遮瑕力，使遮瑕效果自然加倍，呈现出白净通透的肌肤，令底妆更加完美。

Makeup Skills

1.将妆前底乳与遮瑕霜按1:7的比例调和在一起，用指腹由下向上按压贴服。

2.鼻头处用指腹轻轻拍按，将遮瑕霜晕染均匀，然后再向脸颊均匀地推开遮瑕霜。

3.遮盖鼻部的毛孔时先用遮瑕刷蘸取适量的遮瑕膏，沿着鼻翼的瑕疵部位进行点涂。

4.在毛孔周围着重用遮瑕霜进行遮盖，用海绵块的边缘沿鼻翼部位一边轻按一边晕开。

5.用粉刷将珠光感蜜粉轻扫全脸，使底妆看起来更通透、平滑，带给肌肤微微的光泽感。

6.将手掌相互搓热后轻轻按压全脸，并用指腹按压鼻部，利用手掌的温度使底妆更贴合。

Before

仅一条海蓝色线条使时尚感爆格

18 与众不同的海蓝色

当烟熏妆已遍布每个人的脸上，总要想一个使自己与众不同的方法，
在黑色眼线长再覆盖一条带有金属感的海蓝色眼线，
用冷色调与冬天氛围碰撞出独特的时尚火花，进入时尚达人的行列。

FOUNDATION

□ 为了使海蓝色可以更加漂亮地显色出来，将眼周肌肤的瑕疵用遮瑕膏仔细遮盖，使肌肤看起来更加白皙。

MAKE UP

□ 用粗重的线条包裹住眼部轮廓，用眼线笔做出的晕染的烟熏效果，然后用海蓝色中的金属光泽提升时尚度。

COSMETICS

□ 在选择海蓝色眼线笔时除了要注意选择带有金属感的产品，还要注意画出的线条要紧实浓密。

在基础眼线上覆盖海蓝色

1 用大号眼影刷将带有珠光感的米色眼影从眼尾开始向眼尾较大范围地涂抹在上眼睑进行打底，轻轻地涂抹1～2次即可。

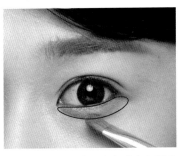

2 然后将同样的珠光感米色眼影从下眼角开始向眼尾较宽幅地涂抹在整个下眼睑。

3 用扁平的小号眼影刷沿着上睫毛根部从眼角开始向眼尾将自然的棕色眼影涂抹在双眼皮褶皱部位，用刷头轻轻来回晕染开。

淡淡珠光感米色眼影

无珠光感自然棕色眼影

4 用黑色眼线笔沿着上眼睑睫毛根部从眼角开始向眼尾勾勒上眼线，渐渐地将眼线加粗，在眼尾部位稍稍拉长并上扬。

5 用眼线笔从下眼尾开始向前勾勒有一定粗度的下眼线，眼线渐渐收细，从黑眼球内侧部位开始只勾勒黏膜部位。

6 用带有金属光泽感的海蓝色眼线笔按照已画出的黑色眼线将颜色覆盖上去，空出黑色眼线的眼尾，将蓝色眼线渐渐收细。

铅笔式黑色眼线笔

金属感海蓝色眼线笔

梳子形黑色睫毛膏

7　用梳子形刷头的黑色睫毛膏仔细刷涂上睫毛，不要呈"Z"宁形涂抹睫毛梢部，否则会破坏梢部的纤长效果。

8　下睫毛通常较小较稀疏，然后再竖握睫毛刷，用刷头的前端一根根地仔细刷涂下睫毛，并且在梢部轻轻拉长。

粉色调脸颊与双唇

无珠光感暖粉色腮红

8

9　用腮红刷蘸取淡粉色腮红，去除浮在刷头表面的粉末后，从微笑时颧骨最高处开始，沿着颧骨的弧度晕染到脸颊骨转角部位。

10　然后将腮红刷向下移动，在距离上一步的腮红约一指的地方，从脸颊中央开始向外轻扫，并用刷头晕染中间的空隙部位。

粉红色亮彩唇彩

11　将自身唇色用遮瑕膏遮盖住之后，用粉色唇彩从嘴唇内侧开始慢慢地向外侧涂抹，要涂抹出层次感。

12　然后用粉色唇彩重复涂抹嘴唇内侧，分别在上、下嘴唇内侧横向涂抹，加深颜色，营造出咬唇妆的感觉。

三种脸型的不同妆容画法

脸型的详细妆容解析

鹅蛋型脸

鹅蛋型脸是每个小女生梦寐以求的小V脸，如果你已经拥有这样完美的脸型，那么就不用再为修饰轮廓而费心了，你所需要的就是在一些部位加入一点高光，从而使五官看起来更加立体。不过如果为了想让脸看起来更瘦一些，从而涂上厚厚的修容粉则是一个错误的选择。

圆形脸

圆形脸总会给人可爱的印象，非常适合粉嫩的少女妆，但问题就是性感的烟熏妆同样会给人可爱的感觉，无论是从正面还是侧面，都会给人肉肉的印象。解决方法就是利用修容粉集中攻克脸颊上的肉，如果拥有短而粗的眉形，可以通过眉形上的修饰把圆形脸拉长一点。

长形脸

修饰长形脸的重点在于修饰下颌部位以及发际线，从而缩小上、下距离，注意不要再脸颊或下颌线上涂抹修容粉，相反要加入高光粉，在额头与脸颊部分横向大范围地加入高光粉。长形脸总会使鼻子显得很长，这时脸颊与T字区的高光则会起到从视觉上缩短鼻梁的作用。

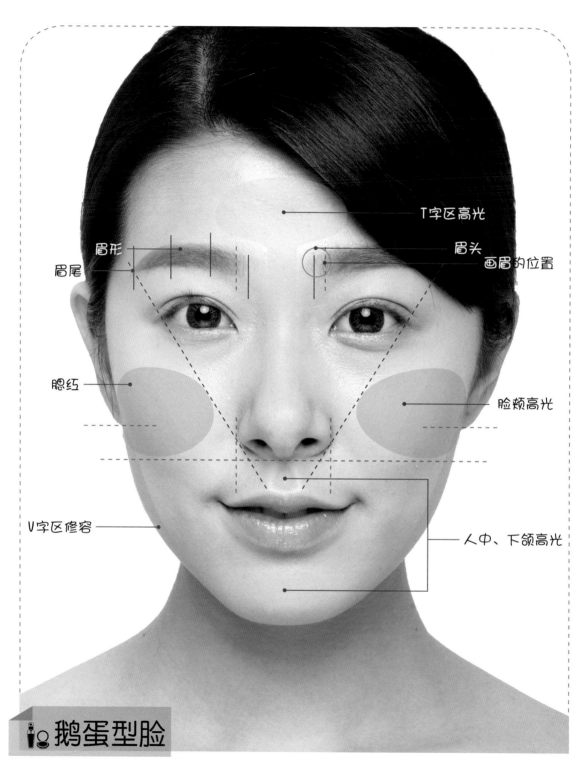

T字区高光

眉形

眉头
画眉的位置

眉尾

腮红

脸颊高光

V字区修容

人中、下颌高光

鹅蛋型脸

♀T字区高光

用修容刷将适量的高光粉呈圆形涂抹在额头中央，在额头上画一个丰满的圆形，然后慢慢地下滑并轻扫至鼻尖，鼻梁较低的人要在鼻尖上多涂一些。

♀眉头部分

想象眉头处有一个竖直向上的延长线，从眉头垂直延长线往后5mm左右的地方开始描画眉毛。如果想要更清纯柔和的妆容，画眉时在眉头前稍稍留出一些空白，会使妆感更加自然。

♀眉形

鹅蛋型脸型适合各种类型的眉形，平日时按照标准的眉形去描画就可以了。使眉尾位于鼻侧轮廓与外眼角连接起来的延长线上，比眉头稍稍高出5mm左右即可。将眉毛等分为三部分，使眉峰位于整个眉部的2/3处。

♀脸颊高光

以连接外眼角与嘴角的感觉涂抹高光，将高光粉涂抹在微笑时颧骨的最高处，然后斜向下轻轻地扫至眼部下方，但是高光区域不要超过鼻尖部位。

♀腮红

以连接外眼角与嘴角的感觉涂抹高光，将高光粉涂抹在微笑时颧骨的最高处，然后斜向下轻轻地扫至眼部下方，但是高光区域不要超过鼻尖部位。

♀V字区修容

沿着耳垂下方的水平线，从耳垂下方想着下颌方向自然地涂抹修容粉，距下颌线2~3cm的宽度较为合适。

♀人中、下颌高光

在人中部位和下颌部位轻扫几下即可，可以使五官看起来更加分明、立体。

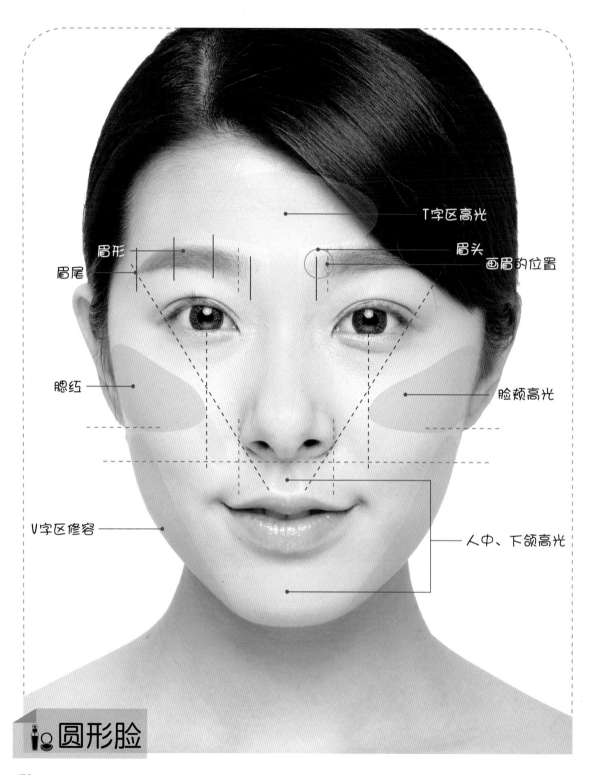

T字区高光

眉头
画眉的位置

眉形
眉尾

脸颊高光

腮红

V字区修容

人中、下颌高光

圆形脸

🔲 T字区高光

在额头处横向涂抹高光粉，轻扫向鼻尖，不要涂得太满，否则会使脸看起来肿肿的，涂鼻梁时要涂得窄一些。

🔲 眉头部分

在与鹅蛋脸型相同的位置描画眉头，五官不分明会给人大饼脸的感觉，画眉可以很大程度上避免这个问题。

🔲 眉形

高挑的眉峰位于眉毛中间会让脸型看起来长一些，在从眉头到眉尾的中央部位化眉峰，使眉尾比眉头高出8mm左右。

🔲 脸颊高光

以从外眼角到嘴角画出一条长线的感觉涂抹高光，横向涂得太厚，会使脸部看起来肿肿的。脸颊高光要斜向涂抹，会显出V型脸的效果。

🔲 腮红

从黑眼球垂直向下与鼻子下方水平线相交地方开始向着太阳穴方向自然涂抹，涂抹范围不要超过黑眼球中央与鼻子下方。

🔲 鼻部修容

从眉头正下方的深陷部分开始向鼻梁方向自然地涂抹，使鼻梁看起来更加挺拔，避免看圆形脸时视线容易分散的问题。

🔲 V字区修容

从耳垂下方开始顺着下颌方向涂抹修容粉，与鹅蛋脸型的涂抹方式相似，但涂抹范围要更大一些，适合使用温暖的青铜色。

🔲 人中、下颌高光

从上唇线到人中之间部分轻扫高光粉。在下颌部分涂抹高光时要上下移动刷头，而不是左右移动，使下巴显得更加尖细。

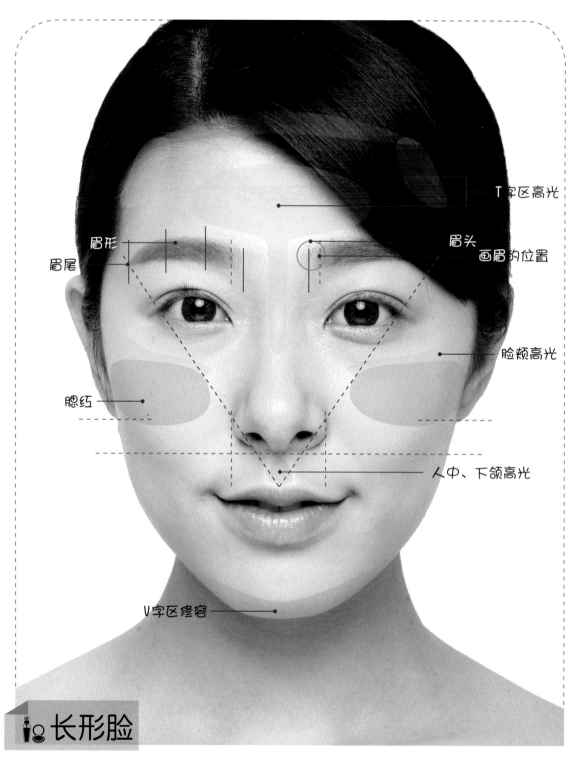

T字区高光

眉头
画眉的位置

眉形

眉尾

脸颊高光

腮红

人中、下颌高光

V字区修容

长形脸

T字区高光

在额头处呈椭圆形涂抹高光粉，范围要大，横向移动刷头，然后慢慢向下移动知道扫到眉尖为止。

眉头部分

与鹅蛋脸型一样，留出一点眉头不画可以给人自然柔和的感觉。在脸型窄且长的情况下为了让眉距不要太近，画眉头时从距离眉头5mm出开始描画。

眉形

以一字型来描画眉形，让眉形基本与眉头向平，眉尾处稍稍向上提3mm左右，尽可能柔和地画出没有棱角的眉峰。

脸颊高光

从太阳穴处开始，田着眼部将高光粉扫向脸颊，遮住瘦长的侧脸，高光的末端不要打到鼻翼上。

腮红

以颧骨处为中心，用腮红刷横向来回轻扫腮红。从距离鼻侧1cm左右的地方开始向太阳徐方向涂抹，下方不要超过鼻尖。

发际线修容

沿着发际线处的头发内侧涂抹1cm左右的修容粉，丰满的发际线会让脸型看起来变小，可以使用眼影刷涂抹。

V字区修容

长形脸需要修饰的部位就是下颌部位，但是不要进行过分的修容，在下巴尖轻刷1cm左右的修容粉即可。

人中、下颌高光

在人中部位将高光粉轻扫2~3次即可，不要再下颌部位涂抹高光，否则会使脸型看起来更长。